典藏版

中国香文化

傅京亮 。著

齐鲁书社
·济南·

图书在版编目（CIP）数据

中国香文化：典藏版 / 傅京亮著. -- 济南：齐鲁
书社, 2018.10（2024.7重印）
　　ISBN 978-7-5333-4027-8

　　Ⅰ.①中… Ⅱ.①傅… Ⅲ.①香料－文化－中国
Ⅳ.①TQ65

中国版本图书馆CIP数据核字(2018)第213663号

责任编辑　邵明凡
装帧设计　亓旭欣

中国香文化（典藏版）

ZHONGGUO XIANG WENHUA DIANCANGBAN

傅京亮　著

主管单位	山东出版传媒股份有限公司
出版发行	齐鲁书社
社　　址	济南市市中区舜耕路517号
邮　　编	250003
网　　址	www.qlss.com.cn
电子邮箱	qilupress@126.com
营销中心	（0531）82098521　82098519　82098517
印　　刷	山东新华印务有限公司
开　　本	720mm×1020mm　1/16
印　　张	17.75
字　　数	248千
版　　次	2018年10月第1版
印　　次	2024年7月第6次印刷
标准书号	ISBN 978-7-5333-4027-8
定　　价	78.00元

再版序言

　　10年之前，《中国香文化》在齐鲁书社的大力支持下问世了。在当时资料匮乏、无先例可循的现实情况下，本书比较详尽地梳理出了我国香文化发展的历史脉络。本书从香文化的发展史入手，寻觅支撑其不断延续的理论体系，以及香药、香具、诗词文章等香文化的基本内容，开启了我国香文化系统研究的历程。

　　香，在童年时，就进入了笔者的视野。那些经常到笔者老家的乡村古宅做客的老先生们，无论是聊天、品茗、读书，还是写写画画，总是有一炉香放在周边的香几或书案上，家中卧室里飘渺的香烟也始终不断。这一现象给当时并不知其用途、还在孩提时期的笔者留下了深刻的印象，虽不明其理，却不自觉地开始了认真的模仿，进而开始对那些能产生香气的草木产生了浓厚的兴趣。顽皮的童年也做过许多的荒唐事。如在烧柴做饭时大量焚烧、糟蹋名贵香药，把黑黑的小块沉香当棋子送给小朋友，因此，也曾受过许多次至今记忆犹新的惩罚，但也由此获得了多位老先生从国学开蒙到香药知识以及传统经典的教授。后来，随着时代的变化，传统经典不再学习，老人们相继离世，家中许多香药耗尽，用香这一习惯也渐渐淡出了生活。但那好似时代穿越的童年生活，是永远抹不掉的记忆，也是受益一生的重要资源。

笔者对传统文化和香的重新认识与思考，始于20世纪70代初。童年时期先辈们播撒在心底的传统文化的种子经常出现发芽前的萌动，由此，工作之余，笔者开始了对传统经典的温习。尤其难得的是，当时的工作单位聚集了多位喜欢传统文化的前辈，给了笔者许多鼓励和支持。但在当时的时代环境下，学习只能在夜深人静后偷偷地进行，否则可能招致大祸临头。当时的工作也与传统文化和传统技艺有着千丝万缕的联系，为笔者提供了继续学习和格物致知的机会。笔者在学习中更是感受到了中华文化博大精深的核心所在，坚定了为民族文化复兴奋斗一生的信心，对文化复兴的期盼之情也渐次加深。

进入20世纪80年代，从"物极必反，极则生变"的自然规律中，笔者突然感到中华民族的复兴、中国文化的复兴时日渐至，或在不久的将来即将开始。如何使中华文化落地成为文化中国，这才是文化复兴的意义所在。

中华文化在宋代达到巅峰之后开始逐步走向衰落，这是一个物极必反、不可抗拒的自然规律。特别是进入明代以后，八股取士的出现逐步为国人带上了禁锢创造思维的枷锁，文化逐步变成表面娴雅光鲜，实则徒具其形的僵尸。没落的文化形式虽已经被时代无情地打碎，但数千年的根基犹存，只要雨露充沛的春天到来，在天地的运变中，必将产生既合于时代，又血脉相连的新体系。从此，为传统文化的再生，笔者开始了坚持不懈的探索。

如何让文化在新的复兴时期落地，回归到国人的生活中，实现文化中国之大美？文化的复兴绝不应该是简单的经典学习、吟诵和训诂，落地的载体在哪里？这使笔者走进了对文化思考的暗箱。思考过开办教育，思考过对中医、武学的传承，思考过许多选项。把香作为最终的选择是基于对中华民族的民族终极追求和思维特质是什么的思考。考古工作中，对我国至少有6500年用香历史的发现和"香火永续""万古流芳"的寄语，使笔者似乎看到虽已历经五千年以上岁月，但精神矍铄的"香君"，正在穿越历史的层层纱幔向新时代走来。

但是，在研究和检索香学发展脉络的过程中，笔者发现了一个奇怪的现象，包括《汉后宫和香方》及《和香方》等重要的香学著作大部分已经不见踪影。如何探知几千年来香学的发展脉络，只能从零开始。由此，笔者从20世纪80年代末开始了"读万卷书、行万里路"的香学研究艰难之路。在研究我国先人们数千年来喜香、和香、用香及香具、香药发展的过程中，笔者愈加感受到香对中国文化的生成发展，对民族性格、民族思维特质形成的重要意义，因而对香的研究不能仅限于香品方面，必须从文化的深度入手，建立完整的研究体系。由此，笔者在2003年正式建立我国第一个香文化研究的专业网站"中国香文化网"。在该网站上，笔者正式提出了香文化概念及研究框架，并公布了部分研究成果，引起了许多有识之士的关注。笔者随后将部分初步研究成果编辑而成《中国香文化》一书。这本著作的撰写，不是就香品或某一种香药而论香，也不是从晚于香文化诞生许久的宗教及祭祀用香而论香，而是从文化的高度、从人类性命需求、从致中和、从人天整体观的角度来审视国人对香的理解与追求，从道德的高度来理解流传了数千年的和香之真、善、美，从中华文明发展需求的角度提出香文化在当代复兴的重大意义。

为了做好对中国香文化全面而真实的研究，在1996年建立的和香实验基地以及2001年重组山东慧通香业有限公司的基础上，笔者相继建立了北京慧通香文化发展研究院、海南香药种植科研、教学基地，基本形成了融香药种植、香文化教学科研、香品研发为一体的完整体系。对于本书所列举的汉代以来传承的绝大部分香品，笔者都进行了多层面的实验验证，由于篇幅过大，相关研究成果将留待后书奉献于大家。

虽然本书出版后受到了文化界和香学界的众多好评，8次再版仍供不应求，

但认真审视书稿，尚有许多疏漏和不足，由于本人学识粗浅，对香文化仍处于基础研究阶段，虽尽心修订，难免挂一漏万，理解有误。谨供香文化爱好者参考，并与大德高贤交流共勉。

书稿本次修订，承蒙曹夕多博士精心勘校，在此一并感谢！

傅京亮

丁酉年二月于听月轩

序　言

一

　　一个民族文化特质的形成，是受其所处的地理环境，以及因适应地理环境、确保生存质量而形成的生活习惯深刻影响的，是整体生活长期积淀的结晶。因此，每个民族有各自不同的文化现象及思维特质、不同的生活追求。这种追求既有阶段性的，亦有终极的。中华民族根本的、整体的追求是什么？是什么让中华文明五千多年延续不断？实际正是"香火永续""万古流芳"这一民族终极追求。

　　香在国人的生活中不仅有着特殊的地位和意义，更有着几乎与民族从诞生到发展一路相伴的数千年历史。

　　在中国文化的历史中，有一种与人们的生活息息相关的文化被忽视了，这就是"香文化"。

　　许多学者提出 21 世纪是东方文化的时代，是中国文化的时代，我们国家也描绘了民族复兴的宏伟蓝图。而能否实现这一目标，很重要的一点即在于我们能否全面地、准确地、实事求是地去把握传统文化。当前对传统文化的研究范围之广、数量之众，堪称空前。但是，对数千年来始终与国人同行的

香文化的研究罕见踪影。过去很长的一段时间里，香在人们的生活中销声匿迹了，后来又大多出现于祭祀与宗教领域。于是，许多人一提到香首先就想到祭祀，想到迷信。这使研究者望而生畏，或是认为香文化不足以成为一个有价值的研究课题。或许正是因为人们忽略了它，冷落了它，任其自行发展，背道而去，才使它日益沦为迷信之物而流布于世。

事实上，历史上的香并非如此。所以，我们有义不容辞的责任来正视它，研究它，引导它，还其原貌，并以此增进对历史与传统文化的理解。

二

香文化是一个古老而全新的命题。

中国的香，历史久远，远到与中华文明同源。近可溯及两千多年前汉武帝的鎏金银竹节熏炉，战国时期的鸟擎铜博山炉，远可达三千多年前殷商时期"手执燃木"的祭礼，再远则有四千多年前龙山文化及良渚文化的陶熏炉，还有六千多年前城头山遗址的祭坛及更早的史前遗址燎祭遗存。

香，陪伴着中华民族走过了数千年的兴衰风雨。它邀天集灵，祀先供圣，是敬天畏人的体现，又是礼的表述；是颐养性情、启迪才思的妙物，又是祛疫辟秽、安神正魄的良药。历代的帝王将相、文人墨客、僧道大德也竞皆用香、爱香、惜香。两千多年来，中国上层社会也始终以香为伴，对香推崇有加。

炉热情暖、轻烟翠雾之中，不知引发了多少灵感，增添了多少热情，平息了多少怒火，带去了多少祝福，催生了多少雄才大略、翰墨文章……它启迪英才大德的智慧，濡养仁人志士的身心，对中国哲学与人文精神的孕育也是一种重要的催化与促进。它是中华文化无形的脉，无形的力量。香，物虽微而位贵，乃传统文化的和脉之品。

香与传统文化的诸多部类都有密切的关系。古代的医师、文人、名僧、高道等许多领域的学者都对香的发展有重要贡献，广涉香药（芳香药材，近似现在的"香料")、香方、制香、用香等多个方面。如葛洪、范晔、陶弘景、孙思邈、李时珍，等等。目前所知最早的香学专书即范晔编撰的《和香方》。

约从东汉后期开始，香便已成为各类典籍中的常见主题，包括医学书、地理（植物）书、史书、文学作品（诗词歌赋、志怪小说等）、类书、佛道典籍等，如《异物志》《西京杂记》《抱朴子》《博物志》《肘后备急方》《名医别录》《齐民要术》《通典》《千金方》《梦溪笔谈》《本草纲目》等都有关于香或香药的内容。

三

古代文献对先秦用香的记载大都与祭祀有关，许多人也以为中国的香起源于祭祀。其实，古代的用香一直有两条并行的线：祭祀用香与生活用香，并且都可以追溯到上古乃至远古时期。

早期的祭祀用香主要体现为燃香蒿、燔烧柴木、烧燎祭品及供香酒、供谷物等祭法。如甲骨文记载了殷商时期"手执燃木"的"祡（柴）"祭；《诗经·生民》记述周人的祖先在祭祀中使用香蒿（"萧"）；《尚书·舜典》记述舜封禅泰山，行燔柴之祭。从考古发掘来看，燔烧物品的"燎祭"很早就已出现，可见于距今 6000 年的湖南城头山遗址及上海崧泽遗址的祭坛。距今 5000—4000 年，燎祭的使用已十分普遍。

生活用香的历史也同样悠久，5000—4000 年前已经出现了作为生活用品的陶熏炉。如辽河流域发现了 5000 年前的陶熏炉炉盖（红山文化），黄河流域发现了四千多年前的蒙古包形灰陶熏炉（龙山文化），长江流域也发现了四千多年前的竹节纹灰陶熏炉（良渚文化）。它们的样式与后世的熏炉一致而异于祭祀用的鼎彝礼器，并且造型美观，堪称新石器时代末期的"奢侈品"。可以说，在中华文明的早期阶段，祭祀用香与生活用香就已出现，也从一个独特的角度折射出早期文明的灿烂光辉。

先秦时期,熏香风气(生活用香)已在一定范围内流行开来,另有佩戴香囊、插戴香草、沐浴香汤等用法广泛流行。战国时已有了制作精良的熏炉"博山炉",其中,有雕饰精美的铜炉,也有工艺精良的早期瓷炉。进入西汉之后,生活用香又有跃进性的发展,自此一路成长,两千多年来长盛不衰。汉武帝前期(约公元前120年),熏香及熏炉已在南北各地的王公贵族中广泛流行;到东汉前期,所用香药的种类已相当丰富,有沉香、青木香、苏合香、鸡舌香,等等;魏晋时期,用香风气扩展到文人阶层;北宋时期已是"巷陌飘香",遍及社会生活的方方面面;在元明清时期,生活用香也得到了全面保持并有稳步的发展。

可以说,中国的香文化是肇始于远古,萌发于先秦,初成于秦汉,成长于魏晋南北朝,完备于隋唐,鼎盛于宋元,广行于明清。

古代的香以芳香药材为主料,讲究配方,有多种养生功能。既用于祭祀,敬奉天地、日月、先祖、神明;也用于日常生活,并且功用甚广,包括室内熏香、熏衣熏被、祛秽致洁、养生疗疾,等等。客厅、卧室、书房等室内场所,朝堂、府衙等政务场所,茶坊、酒肆等公共场所都常设炉熏香。实际上,早在唐宋时期,香就已成为古代社会的一个重要元素,与日常生活息息相关。读书办公有香,参禅论道有香,吟诗作赋、抚琴品茗有香,天子升殿、府衙升堂有香,宴客会友有香,婚礼寿宴有香……

对文人士大夫来说,香更是生活中的必有之物,许多人不仅焚香、用香,还广罗香药、香方,亲手制香,并从各个方面来研究香。例如,苏洵即有描写制香的诗:"捣麝筛檀入范模,润分薇露合鸡苏。一丝吐出青烟细,半炷烧成玉箸粗。……轩窗几席随宜用,不待高擎鹊尾炉。"(《香》)此诗也是关于线香制作的较早记录。苏轼曾专门和制了一种"印香"(以调配的香粉框范成连笔的篆字形图案)送给苏辙作寿礼,并赠诗《子由生日以檀香观音像及新合印香银篆盘为寿》,诗文亦多写香。黄庭坚也常自制熏香,还曾以他人所赠"江南帐中香"为题作诗赠苏轼:"百炼香螺沉水,宝熏近出江南。"苏轼和之:"四句烧香偈子,随香遍满东南。不是闻思所及,且令鼻观先参。"黄庭坚复答:"一炷烟中得意,九衢尘里偷闲。"

生活用香一直是推动香文化发展的主要力量,从西汉的跃进到两宋的鼎盛,再到明清的广行,皆如此。可以说,熏香在西汉兴起之时即被视为一种生活享受、祛秽养生的方法。在"巷陌飘香"的宋代,香也有浓厚的世俗生活色彩,其极端代表即南宋杭州的酒楼上有备着香炉的"香婆"随时为客人供香。

香炉及沉香、苏合香等多种香药的使用很可能也是源于生活(包括医疗)用香。较早的香炉可溯至西汉及战国时期的熏炉,其前身并非商周祭祀用的鼎彝礼器,而是5000—4000年前作为生活用品出现的陶熏炉,是沿生活用香的线索发展而来,即"新石器时代末期的陶熏炉(生活用香)—先秦及西汉的熏炉(生活用香)—魏晋后的熏炉(生活用香兼祭祀用香)"。公元前120年前后,熏香在西汉王族阶层已流行开来,至少一百多年之后,才有汉晋道教、佛教兴起并倡导用香,属于生活用香的熏炉(包括博山炉)和香药才逐步扩展到祭祀领域。汉代的祭祀用香与先秦相似,主要表现为燃香蒿、燔柴等祭法,生活用香则使用熏炉及沉香、苏合香等多种香药。魏晋之后,祭祀用香也开始使用熏炉和沉香等香药。

四

人类对香气的喜好,乃是与生俱来的天性,犹如蝶之恋花、木之向阳。

古人很早就认识到,须从"性""命"两方面入手才能和合性、命,达到养生、养性的目的。而香气不仅芬芳怡人,还能祛秽致洁、安和身心、调和情志,有养生、养性之功,可以说,"香气养性"正是中国香文化的核心理念与重要特色,与儒家"养性"论有密切的关系。如荀子《礼论》曰:"刍豢稻粱,五味调香,所以养口也。椒兰芬苾,所以养鼻也。……故礼者养也。"

性命相和得养生、性命相和得长生是中华民族古老智慧的结晶。中国的香文化是养性的文化，也是养生的文化，对于主张修身养性、明理见性的中国文化来说，更是一个不可或缺的部分，而香文化的形成与繁盛也是中国文化发展中的一种必然现象。

"香气养性"的观念贯穿于香文化的各个方面。就用香而言，不仅用其芳香，更用其养生、养性之功，从而大大拓展了香在日常生活中的应用，并进一步引导了生活用香，使品香、用香从享受芬芳进而发展到富有诗意、禅意与灵性。就制香而言，则是遵循法度，讲究选药、制作、配方，从而与中医、道家的养生及炼丹术、佛医等有了密切的关系，并很早就将香视为养生、养性之"药"，形成了"香药同源"的传统。如范晔《和香方序》云："麝本多忌，过分必害；沉实易和，盈斤无伤。零藿虚燥，詹唐黏湿。……枣膏昏钝，甲煎浅俗，非唯无助于馨烈，乃当弥增于尤疾也。"（《宋书·范晔传》）

所以，古人使用的香也是内涵丰厚的妙物。它是芳香的，有椒兰芬苣，沉檀龙麝。它又是审美的，讲究典雅、蕴藉、意境，有"伴月香"，有"香令人幽"，有"香之恬雅者、香之温润者、香之高尚者"，其香品、香具、用香、咏香也多姿多彩、情趣盎然。它还是"究心"的，能养护身心，开启性灵；在用香、品香上也讲究心性的领悟，没有拘泥于香气和香具，所以也有了杜甫的"心清闻妙香"，苏轼的"鼻观先参"，黄庭坚的"隐几香一炷，灵台湛空明"的诗句。它切近心性之时，也切近了日常生活，切近了普通百姓。虽贵为天香，却不是高高在上的、少数人的专有之物。

可以说，中国的香文化能早期兴起、长期兴盛、广行于"三教九流"，都大大得益于"香气养性"的观念。兴起于西汉的香虽属生活用香，却也并非仅仅被视为一种生活享受，其发展速度之快、使用地域之广，与"养性"学说在当时的流行有很大关系。荀子《正论》所言"居如大神，动如天帝"的天子也以香草养生，"侧载睪芷以养鼻"盖可作为西汉王族熏香的注释。

正是香气养性的观念塑造、推动了西汉的生活用香，推动了香炉与香药的使用，铸就了中国香文化的基石，也赋之以长久的生机并预示了它辉煌的前景。

五

古人也留有大量咏香或涉香的诗文，亦多名家佳作，可谓笔下博山常暖，心中香火不衰，千年走来，正是中国香文化的壮观写照：

《尚书·君陈》：至治馨香，感于神明；黍稷非馨，明德惟馨。

《诗经·生民》：卬盛于豆，于豆于登。其香始升，上帝居歆。

《离骚》：扈江离与辟芷兮，纫秋兰以为佩。

《史记·礼书》：稻粱五味，所以养口也；椒兰芬茝，所以养鼻也。

《汉书·龚胜传》：熏以香自烧，膏以明自销。

《四座且莫喧》：香风难久居，空令蕙草残。

徐淑：未奉光仪，则宝钗不列也。未侍帷帐，则芳香不发也。

曹植：御巾裹粉君傍，中有霍纳都梁。鸡舌五味杂香。

傅玄：香烧日有歇，环沉日自深。

范晔：麝本多忌，过分必害；沉实易和，盈斤无伤。

谢惠连：燎薰炉兮炳明烛，酌桂酒兮扬清曲。

江淹：同琼佩之晨照，共金炉之夕香。

萧统：畔松柏之火，焚兰麝之芳。荧荧内曜，芬芬外扬。

杜甫：朝罢香烟携满袖，诗成珠玉在挥毫。

杜甫：雷声忽送千峰雨，花气浑如百和香。

李白：盛气光引炉烟，素草寒生玉佩。

白居易：闲吟四句偈，静对一炉香。

李商隐：春心莫共花争发，一寸相思一寸灰。

李璟：夜寒不去寝难成，炉香烟冷自亭亭。

李煜：烛明香暗画楼深，满鬓清霜残雪思难任。

晏殊：翠叶藏莺，朱帘隔燕，炉香静逐游丝转。

欧阳修：沈麝不烧金鸭冷，笼月照梨花。

曾巩：沉烟细细临黄卷，疑在香炉最上头。

晏几道：御纱新制石榴裙，沉香慢火熏。

苏轼：金炉犹暖麝煤残，惜香更把宝钗翻。

李清照：薄雾浓云愁永昼，瑞脑消金兽。

陆游：一寸丹心幸无愧，庭空月白夜烧香。

辛弃疾：记得同烧此夜香，人在回廊，月在回廊。

蒋捷：何日归家洗客袍？银字笙调，心字香烧。

马致远：花满阶，酒满壶；风满帘，香满炉。

文徵明：银叶荧荧宿火明，碧烟不动水沉清。

徐渭：午坐焚香枉连岁，香烟妙赏始今朝。

纳兰性德：轻风吹到胆瓶梅。心字已成灰。

席佩兰：绿衣捧砚催题卷，红袖添香伴读书。

曹雪芹：焦首朝朝还暮暮，煎心日日复年年。

六

晚清以来，中国社会受到了前所未有的冲击，香文化也进入了较为艰难的时期。持续的动荡极大地影响了香药贸易、香品制作及国人熏香的情致。曾长期支持、推动香文化发展的文人阶层在生活方式与价值观念上发生了巨大的变化，不再有日常用香的习惯。

化学合成香料与工业技术也在很大程度上排挤、改变了中国的香，其用料、配方与品质都大为下降。大多数的香不再使用天然香料（古代的"香药"），而是"合成香料与可燃材料的混合"，这不仅不能养生，反而可能有害于身心。

时至今日，已很少见到遵循古法的传统香。近世之人也大都将焚香、敬香当作一种形式，只是烧香、看香，而不再品香、赏香。

于是，早已融入了书斋琴房的香也渐行渐远，失去了美化生活、陶冶性情的内涵，而是主要作为祭祀的仪式保留在庙宇神坛之中。人们渐渐不再知道古代的香曾是一种妙物，不再知道古代的中国人曾经很喜欢香，也不再知道古人为什么会喜欢香。

香文化今日之气象固然使人心生忧虑，但令人振奋的是，走过风云变幻的 20 世纪，人们正开始以更加清澈的目光审视传统文化的是非功过，对其精华报以更加睿智的热爱与珍惜，更有众多知香、乐香的人，钟情于传统文化的人们共同关心着它的发展。涉过千年之河的香文化，也必能跨越波折，再次焕发蓬勃的生机。

尘埃落处，月明风清；洗尽铅华，再起天香。

七

甲骨文的"香"字，形如"容器中盛禾黍"，指的是五谷之香。篆文变作从黍从甘，隶书又省略写作香。如《诗经·生民》："卬盛于豆，于豆于登。其香始升，上帝居歆。"东汉之后，也用来指香药（香料），如苏合香、鸡舌香；或香药制作的熏香，如烧香、和香、印香、线香。

对于"香文化"，大致可有这样的描述：中国的香文化是中华民族在长期的历史进程中，围绕香品（熏香等香料制品）的制作与使用而形成的，体现中华民族精神气质、民族传统、美学观念、思维模式与世界观之独特性的一系列物品、技术、方法、习惯、制度与观念。香文化渗透于各个方面，对它的研究也需从多方入手，至少应涉及：香文化的历史与现状，香药的种类、特点、炮制，香品的种类、制作、使用、鉴别，香具的种类、特点、制作，关于香的故事（典故），关于香的文学艺术作品，香文化的中外交流，香文

化与其他文化的关系（如文学、宗教、医疗养生），等等。

笔者学浅识微，借此书抛砖引玉。若能使读者对香多一分了解，多一分兴趣，则余之幸事。

此书的问世得到了齐鲁书社及各方人士的热诚支持与帮助。陈擎光《历代香具概说》、陈庆鸿《大明宣德炉总论》、刘良佑《香学会典》及其他同仁的诸多文论提供了卓有价值的参考与启发，并有少兰亭先生修订了部分文章。心香飘千里，一并致以诚挚的感谢！

一炷烟分今古，群香飘渺人天。

谨以此书向智慧的先贤致敬，为我们的民族祈福。

傅京亮

二〇〇六年五月于听月轩

目
录

第一章　香文化史

1. 香烟始升：萌发于先秦

　　大约四千一百年前一个正月的吉日，在尧的太祖宗庙举行了一场盛大的典礼。舜接受了尧禅让的帝位，查得天象瑞征，知道摄政顺乎天意，便行专门的祭礼，告于天帝；燔木升烟，上达于天，以此"禋"祭之法祭拜日月、风雷、四时；郑重地遥望远处山河，以此"望"祭之法向山川行了祭礼；继而又祭拜了其他神明。此后，舜收集了象征各地首领权力的五种玉器，又择吉日，接受四方首领的朝见并向他们颁发了五种玉器。二月，舜巡视东方，至泰山，燔烧柴木行祭，并依次遥祭各大山川。

　　这是《尚书·舜典》对舜帝登基的一段记载："正月上日，受终于文祖。在璇玑玉衡，以齐七政。肆类于上帝，禋于六宗，望于山川，遍于群神。辑五瑞。既月乃日，觐四岳群牧，班瑞于群后。岁二月，东巡守，至于岱宗，柴，望秩于山川。"

　　远古时期，中华民族的先人们在祭祀中燔木升烟，告祭天地，正是后世祭祀用香的先声。

　　传统文化许多门类的起源都可溯至先秦时期，香的历史则更为久远，可以一直追溯到殷商乃至遥远的夏代，新石器时代晚期。距今六千多年前，人们已经用燃烧柴木与其他祭品的方法祭祀天地诸神。三千多年前的殷商甲骨

甲骨文　祡（柴）字

文已有了"祡（柴）"字，意指"手持燃木的祭礼"，堪为祭祀用香的形象注释。而中国的香还有一条并行的线，即生活用香，其历史也可溯及上古乃至远古时期。早在四五千年之前，黄河流域和长江流域都已出现了作为日常生活用品的陶熏炉。

到春秋战国时，祭祀用香主要体现为燃香蒿、燔烧柴木、烧燎祭品及供香酒、谷物等祭法。在生活用香方面，品类丰富的芳香植物已用于熏香、辟秽、祛虫、医疗养生等许多领域，并有熏烧、佩戴、熏浴、饮服等多种用法。佩香囊、插香草、沐香汤等做法已非常普遍，熏香风气（生活用香）也在一定范围内流行开来，并出现了制作精良的熏炉。此外，以先秦儒家"养性"论为代表的"香气养性"的观念已初步形成，为后世香文化的发展奠定了重要的基础，也为西汉生活用香的发展创造了十分有利的条件。

远古的香烟

从目前的考古发掘来看，在6000年前的祭祀活动中已经出现了燃烧柴木及烧燎祭品的做法，常称为"燎祭"（燔燎祭祀的遗存物不易分辨是哪种具体物品，因此，祡祭、燎祭等都统称"燎祭"。燎祭所烧物品大致有两大类：一类是易于燃烧的植物，如柴木、草、粮食等，另一类是陶器、石器、动物等需借柴木之火焚燎的物品。由于植物遗存多为残灰，不易识别，所以燎祭所用植物的种类尚待考察，笔者揣测应是选用一些品质较好的草本植物）。被誉为"中国第一古城址"的湖南澧县城头山遗址的大型祭坛、上海青浦崧泽遗址的祭坛都发现了燎祭遗存。

距今 6000—5000 年（约为仰韶时代中晚期），该时期祭坛规模更大，燎祭遗存更多，可见于辽西东山嘴和牛河梁红山文化晚期遗址。从东山嘴到牛河梁的数十公里内绵延分布有大型石砌祭坛、女神庙、积石冢群等规模宏大的祭祀遗址，位于山梁上的东山嘴祭坛发现了大片红烧土、数十厘米厚的灰土以及动物烧骨等燎祭遗存物。此祭坛两侧对称，南圆北方，合于后世"祀天于圜丘在南，祭地于方丘在北"的礼制；坛、庙、冢"三合一"的布局与"天地坛、太庙、陵寝"的布局相似；冢的结构与后世的帝王陵墓相似；其中出土的龙形玉器也是我国最早的龙形器物之一。该遗址揭示出令人惊叹的史前文化，展示了中华文明的古老渊源。亦可看出，商周时期的燎祭正是对远古祭祀观念的继承。

距今 5000—4000 年（约为广义的龙山时代），该时期燎祭的使用已较为普遍。山西陶寺遗址的祭祀区发现了大型"坛"形建筑，其很可能曾用于观测天象和燎柴祭天（近年来的研究表明，此遗址很可能就是尧的都城平阳）。太湖流域的良渚文化遗址也有大量燎祭遗存，可知该地区曾有浓厚的燎祭风气。良渚文化主要分布于太湖及杭嘉湖地区，包括浙江余杭莫角山、反山、瑶山、汇观山，江苏常州寺墩，上海青浦福泉山，江苏苏州吴中草鞋山、张陵山、昆山绰墩、少卿山等多处遗址，其中有数十处大型祭坛及类似"金字塔"的贵族坟山（即由人工堆筑高台，中间为墓地），其燎祭遗存分布广泛。

距今 4000—3000 年（约为夏商时期），该时期燎祭已遍及南方与北方、沿海与内陆的广大地区，商代尤为明显，燎祭遗存可见于河南偃师商城、郑州商城、郑州小双桥以及四川广汉三星堆等多处商代遗址。

第一炉香：5000 年前的熏炉

从直觉上说，熏炉似乎不应属于遥远的"新石器时代""远古时期"，可令人惊叹的是，近几十年的考古发现表明，四五千年前的先民们，的确已

红山文化·灰陶豆形镂孔熏炉盖

龙山文化·蒙古包形灰陶熏炉

经开始使用这种"奢侈品"。

辽西牛河梁红山文化晚期遗址曾出土一件"之"字纹灰陶熏炉炉盖（距今五千多年）。

山东潍坊姚官庄龙山文化遗址曾出土一件蒙古包形灰陶熏炉（距今四千多年）：夹细砂灰陶，高17厘米，腹径14厘米，顶部开圆孔，炉身遍布各种形状的镂孔，如圆形、椭圆形、半月形等。

上海青浦福泉山良渚文化遗址曾出土一件竹节纹灰陶熏炉（距今四千多年）：高11厘米，口径9.9厘米（略小于底径），呈笠形，斜直腹，矮圈足，腹外壁饰有6圈竹节形凸棱纹，炉盖捉手四周有18个镂孔（3孔一组，共6组）。

这几件熏炉"分散"于辽河流域、黄河流域及长江流域，其样式与后世的熏炉一致而异于祭祀用的鼎彝礼器，并且造型美观，堪称新石器时代末期的"奢侈品"，也从一个独特的角度折射出早期中华文明的灿烂。（牛河梁遗址的下限时间距今 5000 年，姚官庄龙山文化遗址与福泉山良渚文化遗址的下限时间较为接近，但均在 4000 年之前）

良渚文化·竹节纹灰陶熏炉

商：柴（柴）祭、燎祭、香酒

殷商甲骨文已有"柴"（柴）、"燎"、"香"等字。

"柴"（柴）字，形如"在祭台前手持燃烧的柴木"，指"手持燃木的祭礼"，堪为祭祀用香的一个形象注解。"燎"字，形如"燃烧的柴木"，指"焚烧柴木的祭礼"，有单独的"燎"，也有"燎牢""燎牛"等烧燎其他动物祭品的方法。（《说文》："尞，柴祭天也。""柴，烧柴焚燎以祭天神。"）

向神明奉献谷物也是一种古老的祭法，"香"字即源于谷物之香。甲骨文中的"香"，形如"容器中盛禾黍"，指禾黍的美好气味。篆文变作"从黍从甘"，"黍"表谷物，"甘"表甜美。（《说文》："香，芳也，从黍，从甘。"）隶书又省略写作"香"。如《尚书·君陈》有："至治馨香，感于神明；黍稷非馨，明德惟馨。"德行之香至高，非黍稷之香气可比。据笔者初步考察，约自东汉开始，"香"也用来指某种香药（香料），如苏合香、鸡舌香等。自魏晋时，"香"也用来指"用香药制作的香品"，如和香、熏衣香、印香、线香，等等。

甲骨文·香

商代有一种香气浓郁的名贵酒，名为"鬯"，多用于祭祀，也常用作赐品或供贵宾享用。一般认为这种鬯酒是用郁金、黑黍等制成。黑黍在当时是一种珍贵的谷物，郁金则是一种芳香草本植物（今姜科姜黄属植物，也称郁金草，并非郁金香花），其块根黄赤芳香，茎、叶、花亦有香，也是一味常用药材。另有观点认为上古的鬯酒不用郁金，而用百草之花，或兼用郁金及百草之花。

鬯酒是商周时期最重要的祭品或礼品之一，使用频率很高。西周还有专职的"郁人"和"鬯人"负责用鬯之事，如《周礼·春官》载："郁人掌裸器。凡祭祀、宾客之裸事，和郁鬯以实彝而陈之。""鬯人掌共秬鬯而饰之。"（裸：酌酒灌地或献宾。彝：盛酒器。秬：黑黍。）

西周春秋：燔柴、燃萧等祭礼

西周春秋的祭祀用香沿袭前代，主要体现为燔烧柴木、燃香蒿、烧燎祭品及供香酒（鬯酒）、谷物等祭法。

燎柴升烟的祭礼常称"燔柴"祭，细分则有"禋祀""实柴""槱燎"等，盖为积柴燔烧，在柴上再置玉、帛、牺牲等物，燔烧的物品有别，但都要燔燎升烟。

《仪礼·觐礼》："祭天，燔柴。祭山丘陵，升。祭川，沉。祭地，瘗。"（瘗：埋物于地。）

《周礼·大宗伯》："以吉礼事邦国之鬼、神、祇，以禋祀祀昊天上帝，以实柴祀日月星辰，以槱燎祀司中、司命、风师、雨师，以血祭祭社稷、五祀、五岳，以貍沈祭山林川泽，以疈辜祭四方百物。"（血祭：以牲体之血滴于地。貍：将玉、谷物等埋入土中以祭山神、地神。沈：将玉、牲体等沉没水中以祭水神。疈辜：剖开、掏净牲体。）郑玄注："禋之言烟，周人尚臭，烟，气之臭闻者也……燔燎而升烟，所以报阳也。"郑玄注《尚书·洛诰》云："禋，芬芳之祭。"对禋祀、实柴、槱燎之差异，说法不一，有人认为禋祀是用玉、帛；实柴用帛、经过剔解的牲体的贵重部分；槱燎只用剔解的牲体的贵重部分。

《诗经·维清》赞颂了文王订立禋祀祭天的典制："维清缉熙，文王之典。肇禋。迄用有成，维周之祯。"这是周公祭祀文王的乐歌，大意是：有了文王创制的典章，才有了政治的清明与光耀，从开创禋祀祭天的典制到今日的成就，乃周朝的祥瑞。

燃萧也是一种重要的祭礼。"萧"指香蒿，香气明显的蒿，概指现在所说的黄花蒿（古称青蒿）、茵陈蒿等蒿属植物。

古时常焚烧染有油脂的萧及黍稷等谷物，并用郁鬯灌地，认为萧与黍稷之香属"阳"，郁鬯之香属"阴"。如《礼记·郊特牲》：

> 周人尚臭，灌用鬯臭，郁合鬯，臭阴达于渊泉。灌以圭璋，用玉气也。既灌，然后迎牲，致阴气也。萧合黍稷，臭阳达于墙屋，故既奠然后焫萧合膻芗。凡祭，慎诸此。［郊：郊祭，祭天。特、牲：牲体。臭：气味。圭：上圆（或剑头形）下方的玉。璋：形如半个圭的玉。灌鬯的容器以圭璋为柄，用玉温润之气。焫（ruò）：焚烧。］

《诗经·生民》也有焚烧香蒿的记载："取萧祭脂，取羝以軷，载燔载烈，以兴嗣岁。"

香蒿常被视为美好之物，如《诗经·蓼萧》以"萧"比君子："蓼彼萧斯，零露瀼瀼。既见君子，为龙为光。其德不爽，寿考不忘。"

兰、柏（松）等芳香植物也很受推崇，在生活和祭祀中多有使用。"兰"多指兰草，即今菊科的佩兰、泽兰、华泽兰等，有时也指兰科的兰花。

在荆楚一带，举行重要的祭祀前常沐浴兰汤，并以兰草铺垫祭品，用蕙草包裹（一说熏烤）祭肉，进献桂酒和椒酒。如《九歌》："浴兰汤兮沐芳，华采衣兮若英。""蕙肴蒸兮兰藉，奠桂酒兮椒浆。"

三月春禊有浴兰的风俗。春秋两季要在水边举行修洁净身、祓除不祥的祭礼，称"祓禊"。三月上巳（第一个巳日）为春禊，人们常集聚水边，执兰草沾水、洒身，以祓除冬天积存的污渍与秽气。这种仪式也有"招魂续魄"的含义，如《韩诗薛君章句》：郑国之俗，三月上巳之日于溱、洧两水上，招魂续魄，秉兰草，祓除不祥。此"招魂续魄"盖为生者而行，古人认为魂魄不全则致疾病，故在春日召唤魂魄复苏或归于健全。一说是为逝者招魂，使亡灵不扰生者。

上巳春禊也是愉快的郊外踏春、青年男女交游的节日，如《诗经·溱洧》写此风俗："溱与洧，方涣涣兮。士与女，方秉蕑兮。……维士与女，伊其相谑，赠之以勺药。"春禊在汉代常称"上巳"节，魏晋后改为三月三，祓禊招魂的含义渐弱，世俗娱乐色彩增加，后演变为以水边的宴饮、交游、踏青为主，王羲之《兰亭集序》即写此风俗。唐宋时，上巳节与寒食节、清明节合并为清明节。清明节的春游风俗即主要来自上巳节。

枝叶清香的松柏也被视为香洁之木。制作郁鬯时即以柏木为臼，梧桐为杵，盖取柏木之香，梧桐之洁。《礼记·杂记》："畅，臼以椈，杵以梧。"椈，柏的别称。孔颖达疏："捣郁鬯用柏臼桐杵，为柏香、桐洁白，于神为宜。"

棺椁之木以松柏为贵，《礼记·丧大记》："君松椁，大夫柏椁，士杂木椁。"夏商神明的牌位也常用松柏制作，如《论语·八佾》："夏后氏以松，殷人以柏，周人以栗。"古时也用柏木祛病辟邪，可见于《五十二病方》的记载。

后世用柏更多，植柏树、食柏子仁、燃柏枝、赠柏叶、门前挂柏枝、饮柏酒，等等。宋代的大型祭祀也焚烧柏木，如《宋史·礼志》："今天神之祀皆燔牲首，风师、雨师请用柏柴升烟，以为歆神之始。"

柏是古代制香的重要原料，柏子仁、柏叶、柏木、树脂等皆可入香（小入药），还有专门的"柏子香"，柏木粉也是现在传统香的常用原料。柏树包括侧柏、圆柏（含桧柏）、刺柏、扁柏、福建柏、柏木等多个属种，福建柏是中国的特有树种，侧柏也主产于中国。陕西桥山黄帝陵还有一棵四千余岁的侧柏，相传为黄帝所植。

佩香、熏香等生活用香

除了用于祭祀，芳香植物还有香身、辟秽、祛虫、医疗、居室熏香等多种用途。

先秦时，从士大夫到普通百姓，都有随身佩戴香物的风气。香囊常称"容臭"（臭：气味之总称），佩戴的香囊也称"佩帏"。香草、香囊既有美饰、香身的作用，又可辟秽防病。在湿热、多疠疫的南方地区佩戴香物的风气尤盛。

《礼记·内则》："男女未冠笄者，鸡初鸣，咸盥漱，栉、縰、拂髦；总角、衿缨，皆佩容臭。"少年拜见长辈时先要漱口、洗手，整齐发髻，系好衣服上的丝带，还要在衣穗上系香囊（以香气表恭敬，也可避免身上的气味冒犯长辈）。

《离骚》："扈江离与辟芷兮，纫秋兰以为佩。"披带江离和白芷，以秋兰（兰草）作衣带的佩饰。"苏粪壤以充帏兮，谓申椒其不芳。"取粪土以满香囊，佩而戴之，反谓花椒为臭（近小人而远君子）。

《山海经》："（招摇之山）有木焉，其状如谷而黑理，其华四照，其名曰迷谷，佩之不迷。"佩戴迷谷能使人的精神免于惑乱。"（浮山）有草焉，名曰熏草，麻叶而方茎，赤华而黑实，臭如蘼芜，佩之可以已疠。"

用香草装饰居室，用香木搭建屋宇。《九歌·湘夫人》："桂栋兮兰橑，

辛夷楣分药房。"以桂木做栋梁,以木兰做屋椽,以辛夷和白芷装饰门楣。

用香汤沐浴。《大戴礼记·夏小正》:"五月蓄兰,为沐浴也。"

以香物作赠礼。《诗经·东门之枌》:"视尔如荍,贻我握椒。"

用芳香植物为其他物品添香。如将兰草加入灯油(古时以动物油脂作灯油,常有膻气),使用鬯、椒酒、桂酒等香酒。《招魂》:"兰膏明烛,华容备些。"

熏焚草木祛辟各种"虫"物(古代的"虫"含义宽泛)。《周礼·秋官》有:

（翦氏）掌除蠹物,以攻荣攻之。以莽草熏之,凡庶蛊之事。(蠹:蛀虫。莽草:一种有毒植物。蛊:腹中致病的虫物。)

（庶氏）掌除毒蛊,以攻说襘之,嘉草攻之。(攻说:一种祷求方法。襘:消灾除病之祭。嘉草:姜科植物蘘荷。攻:攻治,盖指熏焚。)

（蝈氏）掌去蛙黾,焚牡菊,以灰洒之,则死。以其烟被之,则凡水虫无声。(蛙:青蛙之类。黾:蟾蜍之类。牡菊:无籽之菊。)

用灸焫(包括艾灸)、燔烧、浸浴、熏蒸各种芳香药材的方法疗疾。

《五十二病方》即载有"灸"(包括艾灸)、"烟熏"、"燔"等疗法;亦载有白蒿、青蒿、兰、艾、桂、椒、姜、芍药、茱萸、甘草、菌桂、蕑等多种芳香药材。

《内经》将灸焫列为中医五大疗法之一(砭石、药、灸焫、微针、导引按蹻)。《素问·汤液醪醴论》:"当今之世,必齐毒药攻其中,镵石针艾治其外也。"《素问·奇病论》以兰草疗疾:"肥者令人内热,甘者令人中满,故其气上溢,转为消渴。治之以兰,除陈气也。"

《孟子·离娄上》:"今之欲王者,犹七年之病,求三年之艾也。"

战国熏炉

战国时期使用熏炉及熏香的风气已在一定范围内流行开来。

　　早期文献对先秦用香（熏烧香品）的记载大都属于祭祀领域，关于日常生活使用熏香的记载甚少。古人也常以为先秦用香只是祭祀中的燃香蒿及燔柴等用法，而生活用香及熏炉的使用迟至西汉才开始。但从现在的考古发掘来看，先秦的熏香风气应已具有相当的规模，战国时期已有了制作精良的熏炉（博山炉），有雕饰精美的铜炉，也有早期的瓷炉，很可能还有名贵的玉琮熏炉。

　　如陕西雍城遗址曾出土凤鸟衔环铜熏炉，高 34 厘米，底座边长 18.5 厘米，造型奇特，工艺精湛。江苏淮阴高庄出土了"铜盖早期瓷双囱熏炉"。河南鹿邑出土了"战国鸟擎铜博山炉"。陕西乾县梁山宫遗址出土了秦代熏炉。江苏涟水三里墩西汉墓曾出土"银鹰座带盖玉琮"（玉琮熏炉），有研究认为，该熏炉很可能制作于战国。玉琮是西周前的重要礼器，外方内圆中空，多用于祀地。东周后不再用于祭祀，常改作他器。古代常将玉琮改造，加盖、加座、中孔加铜胆，制为高档香具"玉琮熏炉"。

　　从这些熏炉的"品级甚高""地域分散"等特点以及文献所记"香气养性"之观念在当时的流行来看，至迟在战国时，熏香在上层社会已有所流行。如荀子《礼论》："椒兰芬苾，所以养鼻也。"这也是西

战国·凤鸟衔环铜熏炉

战国·铜盖早期瓷双囱熏炉

汉用香得以较快发展的重要基础。

此外，先秦熏香有可能也曾使用其他铜、陶器物（熏香未必要用熏炉）。西周时已有烧炭取暖的铜炉，如《周礼·天官》记载，"宫人"即负责"王之六寝之修，为其井匽，除其不蠲，去其恶臭，共王之沐浴"，"扫除、执烛、共炉炭"等事。（陈擎光先生曾提出）宫人的职责本来就有"去其恶臭"，或许他们也曾用这种炭炉熏香。现已发现多件先秦时期的此类铜炉，它们大多带有提链，如河南新郑出土的"王子婴次炉"。

汉代文献关于西汉熏香、熏炉的记载也甚少，但考古发掘表明，熏香风气在当时的王族阶层已非常普遍。这种文献记载与史实的"不相称"也在一定程度上揭示出，先秦熏香的实际流行程度很可能也远远超出文献记载的情况。

魏晋时期行世的典籍多有涉及上古先秦用香者，但其可靠性大多较低，仅可作一般性参考。如晋人王嘉（王子年）《拾遗记》卷四载春秋时用"荃芜之香"："（燕昭）王即位二年……设麟文之席，散荃芜之香，香出波弋国，

战国·鸟擎铜博山炉

浸地则土石皆香，着朽木腐草，莫不郁茂，以熏枯骨，则肌肉皆生。"《拾遗记》卷一载"沉榆之香"："（黄帝）诏使百辟群臣受德教者，先列珪玉于兰蒲席上，燃沉榆之香，舂杂宝为屑，以沉榆之胶和之为泥，以涂地，分别尊卑华戎之位也。"

品类繁多的香药

先秦时期，边陲与海外的香药如沉香、檀香、乳香等尚未大量传入内地，此时所用香药以各地所产香草、香木为主。但所用香药品种已较为丰富，如兰（多指菊科泽兰属的佩兰、泽兰、华泽兰等，有时也指兰科的兰花）、蕙（多指唇形科植物，如地笋、罗勒等）、艾（菊科蒿属植物）、萧（香蒿，蒿属植物中香气较浓的种类，如青蒿、茵陈蒿等）、郁（姜科姜黄属植物）、椒（芸香科花椒属植物）、芷（多指伞形科当归属的白芷，又称菌、药）、桂（樟属的肉桂等，产桂皮，也称箘桂）、木兰（木兰科木兰属）、辛夷（木兰属的紫玉兰、玉兰等乔木之花蕾）、茅（多指禾本科香茅属植物）、麝香，等等。

《诗经》《楚辞》《山海经》等都载有很多芳香植物。如《山海经》有："（升山）其草多蕙。""（天帝之山）有草焉，其状如葵，其臭如蘼芜，名杜蘅。"杜蘅，香草名。"（翠山）其阴多㫌牛羬麝。"

先秦的"檀"并非指出产檀香的"檀香树"，而多指榆科之"青檀"树，其木材优良，古时常用来作车，如《诗经》："牧野洋洋，檀车煌煌。""坎坎伐檀兮，置之河之干兮。"

歌之咏之：同心之言，其臭如兰

人们对香木、香草不仅取之用之，而且歌之咏之：喻君子，喻美人，寄情思，言志节，由此也形成了先秦文学的一大特色，如：

至治馨香，感于神明；黍稷非馨，明德惟馨。（《尚书·君陈》）

彼采萧兮，一日不见，如三秋兮！彼采艾兮，一日不见，如三

岁兮！（《诗经·采葛》）

朝饮木兰之坠露兮，夕餐秋菊之落英。（《离骚》）

对"兰"（包括兰花和兰草）的赞誉更多：

二人同心，其利断金；同心之言，其臭如兰。（《周易·系辞》）

时暧暧其将罢兮，结幽兰而延伫。（《离骚》）

户服艾以盈要兮，谓幽兰其不可佩。（《离骚》）

以兰有国香，人服媚之如是。（《左传·宣公三年》）

对兰之"国香"，黄庭坚还曾有精彩的注解："士之才德盖一国，则曰国士；女之色盖一国，则曰国色；兰之香盖一国，则曰国香。"

芝兰生于深林，不以无人而不芳；君子修道立德，不为穷困而败节。（《孔子家语》）

与善人居，如入芝兰之室，久而不闻其香，即与之化矣；与不善人居，如入鲍鱼之肆，久而不闻其臭，亦与之化矣。（《孔子家语》）

据蔡邕《琴操》记载，孔子周游列国，郁郁不得志，自卫返鲁途中，见幽谷之中有香兰独茂，不禁喟叹："兰，当为王者香，今乃独茂，与众草为伍！"遂停车援琴，成《幽兰》之曲（又名《猗兰》）。孔子生不逢时，其独濯清流、心系天下的志节却与兰的王者之香一并流芳万世。

香气养性的观念

香气养性是我国香文化的核心内容，是我们祖先历经几千年的不懈努力，探寻、总结出来的对性命整体养护的有效方法，也是中华民族与其他民族养生理念的根本区别。香气养性理念最晚开始于春秋战国时期，完备于汉代。

在传统的思想文化中，决定一个人健康和生活质量的根本因素不是身体强壮，而是性命的整体健康。其中"本性"是决定性因素，也就是先贤所说的"性命相合性为本"。一个本性圆融、道德高尚的人，不仅会拥有健康的身心、通达的智慧，而且还必定是一个有益于社会的人，乃至是一个流芳万古、生命永续的人。

香气养性的理念与儒家的"养德尽性"，要求先要修身养性，使自己成为一个心性、身体健康的人，才能谈齐家、治国、平天下。道家的"修真炼性"、佛家的"明心见性"，都是要解决人生最根本的问题。而香气养性不同于其他方面的是其方法简便易行，完全融入日常生活的方方面面。香气能够起到对本性的滋养、约束及能量的补充的作用，并且还能愉悦性灵、启迪智慧。

先秦时期的人们已经认识到，须从"性""命"两方面入手才能和合性、命，达到养生、养性的目的。同时也认识到，人对香气的喜爱是一种自然的本性，香气与人的身心也有密切的关系。香气可以用作养生、养性，从而初步形成了"香气养性"的观念。

如荀子《正论》言，"居如大神，动如天帝"的古天子重于安养，出行车驾也要饰以香草，"乘大路趋越席以养安，侧载臭芷以养鼻，前有错衡以养目"。

孔子在生活中也注重养生，并且很讲究食物的气息："食不厌精，脍不厌细。""色恶，不食。臭恶，不食。"（《论语·乡党》）

荀子《礼论》曰："刍豢稻粱，五味调香，所以养口也。椒兰芬苾，所以养鼻也。……故礼者养也。"

《素问·金匮真言》曰："中央黄色，入通于脾，开窍于口，藏精于脾，故病在舌本。其味甘，其类土，其畜牛，其谷稷，其应四时，上为镇星。是以知病之在肉也。其音宫，其数五，其臭香。"

百姓以香草、香囊为美饰，君子、士大夫更用香物陶冶、修明情志与身心，借外在的佩服，修内在的意志，"佩服愈盛而明，志意愈修而洁"。屈原《离骚》即明言，自己以香草为饰是效法前代大德，"修能"与"内美"并重："纷吾既有此内美兮，又重之以修能。扈江离与辟芷兮，纫秋兰以为佩。""謇

吾法夫前修兮，非世俗之所服。"

　　香气养性的观念发掘了香气在日常生活中的价值，其讲究"芬芳""养鼻"，有别于祭祀中的"燔柴升烟"（与燃香蒿有相通之处）；同时又不只是一种享受，而是强调香气对身心的滋养，故又引导了对香品的使用。"香气养性"的观念对于后世香文化的发展有深远的影响，也成为中国香文化的核心理念与重要特色。两汉上层社会之流行用香、魏晋医家及文人之重视用香也与这一观念有很大关系。

2. 博山炉暖：初成于秦汉

香文化的发展史上有三个高峰格外引人注目：一是两千多年前的汉代，中国的香文化初具规模；二是一千多年前的唐代，香文化发展臻于完备；三是宋代，堪称香文化的鼎盛时期。

秦（前221—前206）的统一仅存在了短短的16年，却为中国社会的发展开创了空前广阔的前景。进入西汉之后，国力日渐增长，到汉武帝时，汉朝已成为雄踞东方的强大帝国，汉代的文化也以其深厚底蕴对两千多年的中国历史产生了深远的影响。

两汉时，熏香风气在以王公贵族为代表的上层社会流行开来，用于室内熏香、熏衣熏被、宴饮娱乐、祛秽致洁等许多方面。熏炉、熏笼等主要香具得到普遍使用，并出现了很多精美的高规格香具。产于边陲及域外的沉香、青木香、苏合香、鸡舌香等多种香药大量进入中土，人们常混合多种香药来调配香气。东汉时，早期道教的炼丹、修行已采用熏香、沐浴香汤的祭礼。西汉即有吟咏熏烧之香的诗文；东汉中后期，伴随五言诗的兴起，咏香作品数量增加且已见佳作。"熏炉""香炉""烧香"等词汇得到较多使用；"香"字的含义也扩展到"香药"及"用于熏烧的香品"。

王族流行熏香：宫廷礼制

熏香在汉初的王族阶层已有所流行。著名的长沙马王堆一号墓即发现了熏炉、竹熏笼（用于熏衣）、香枕、香囊等多种香具，内盛各种香药，如辛夷、高良姜、香茅、兰草、桂皮等。（墓主人辛追是长沙国丞相的妻子，其入葬时间约为公元前160年，距西汉立国约四十年，比汉武帝即位早约二十年。）从汉初的情况来看，战国（此时已有精制的熏炉）与秦代的用香应有了一定基础，西汉用香的跃进也是得益于前代的积累。

西汉·盛有香药的陶熏炉

到汉武帝时（公元前141—前87年在位），熏香在各地王族阶层中已广泛流行，其既用于居室熏香、熏衣熏被，也用于宴饮、歌舞等娱乐场合。广州南越王墓（公元前122年）曾出土多件熏炉，有的是乐师的随葬品，有的与铜钟、甬钟等乐器或壶、钫等酒器放在一处。迄今发掘的多个西汉中期（王）墓葬都可见熏炉、熏笼等香具及香药，也有十分精美的鎏（嵌）金银熏炉，包括带龙形装饰的高档皇家器物。

如陕西茂陵陪冢出土的"鎏金银高柄竹节熏炉"（博山炉），炉底座透雕两条蟠龙，龙口吐出竹节形炉柄，柄上端再铸三龙，龙头托顶炉腹（炉盘），腹壁又浮雕四条金龙。这三组共饰九龙，是典型的皇家器物。这座熏炉先为汉武帝宫中使用，后归卫青和汉武帝的姐姐阳信长公主（即平阳公主，先嫁平阳侯，后嫁名将卫青），可能是两人成婚时汉武帝的赠物。

再如河北满城汉墓出土的"错金博山炉"，炉盖山景优美，炉柄透雕三龙，从底座到炉盖山石，通体以"错金"（鎏金或嵌金）饰出回环舒卷的云气。该炉雕镂精湛，端庄华美。其与"鎏金银高柄竹节熏炉"都是国宝级文物。

汉武帝之后，皇室及各地王族的用香风气长盛不衰，所用香具也极为精美。汉成帝时有"五层金博山香炉""九层博山香炉"（《西京杂记》）。东汉末期，汉献帝宫中有"纯金香炉一枚"，"贵人公主有纯银香炉四枚，皇太子有纯银香炉四枚，西园贵人铜香炉三十枚"（《艺文类聚》卷七〇引曹操《上杂物疏》）。

汉代也常以使节名义遣商队沿丝绸之路西行，换取沿途的皮毛制品、香药等奢侈品。如东汉权臣窦宪（也是击溃匈奴的功臣）曾以八十万钱从西域采置了十余张毛毡，又令人用织物换取苏合香等物："窦侍中令载杂彩七百匹，白素三百匹，欲以市月氏马、苏合香。"（《全后汉文·与弟超书》）

西汉·鎏金银高柄竹节熏炉

西汉·错金博山炉

汉代用香的风气之盛还有一个突出的标志，即用香（熏香、佩香、含香等）进入了宫廷礼制。据《汉官仪》记载，尚书郎向皇帝奏事之前，有女侍史"执香炉烧熏"，奏事对答要"含鸡舌香"，使口气芬芳。《通典·职官》："尚书郎口含鸡舌香，以其奏事答对，欲使气息芬芳也。"含鸡舌香也成了著名的典故。人们常以"含香"指代在朝为官或为人效力，如白居易："对秉鹅毛笔，俱含鸡舌香。""口厌含香握厌兰，紫微青琐举头看。"王维："何幸含香奉至尊，多惭未报主人恩。"魏晋后的礼制中关于熏香的内容渐增，其由来盖可溯及汉代。

《汉官仪》还载有汉桓帝赐鸡舌香之事：侍中刁存（一作乃存）"年耆口臭"，桓帝便赐鸡舌香，令他含在口中。刁存没见过这种香，感觉"辛螫"（鸡舌香使口气芬芳，但口舌有刺感），便以为自己有过，桓帝赐了他毒药，惶惶然回府与家人诀别，后来才发觉口香，"更为吞食，其意遂解"。"鸡舌香"，形如钉子，又名丁子香、丁香，是用南洋岛屿"洋丁香"树的花蕾所制（非中国多见的"丁香"），其气息清香，常含在口中用以香口（似口香糖），但有辛辣感。东汉时的鸡舌香是名贵的"进口香药"，故常人大多不知。

除了熏香、香囊、香枕、香口，汉廷的香药还有很多用途。汉初即有"椒房"，以花椒"和泥涂壁"，取椒之温暖、多子之义，用作皇后居室。这一传统长期延续下来，后世便常用"椒房"代指皇后或后妃。王族的丧葬中也常使用香药（借以消毒、防腐，先秦即有此传统），古代的文献已有所记载，如《从征记》载刘表棺椁用"四方珍香数十斛"，"苏合消疾之香，莫不毕备"，挖开其墓葬时，"表貌如生，香闻数十里"。《水经注》亦记之："其尸俨然，颜色不异"，"墓中香气远闻，三四里中，经月不歇"。

熏香在王族阶层的盛行对香的普及和发展大有推动之功，也开启了上层社会的用香风气并一直延续到明清时期。目前的考古发掘表明，熏炉是汉代墓葬中的常见物品。据有关学者考察，岭南汉墓出现熏炉的比例高于其他地区，

盖可说明当地的熏香风气更盛。岭南香药丰富，气候潮湿，又多蚊虫瘴疠之气，而熏香可以祛秽、烘干、消毒，这应是当地盛行熏香的一个重要原因。

香药的增加：沉香、青木香、苏合香等

汉武帝即位后，击溃匈奴，统一西南、闽越、岭南等地，疆域空前广大，盛产香药的边陲地区进入了西汉版图。西汉时期对外交通发达，陆上丝绸之路连通中亚、南亚、西亚、欧洲等地；海路交通也有相当人的规模，海上丝绸之路已初步形成，与南洋往来频繁并辟有通往印度洋的航线。

汉代香药的品种也更为丰富，边陲地区（今海南岛、两广、云南、四川等地和越南北部）及域外（西域、南洋、中南半岛等）出产的多种香药进入内地，如沉香、青木香、苏合香、丁香（鸡舌香）、枫香、迷迭香、艾纳香，等等。见于魏晋文献的一些香药很可能在东汉时已使用，如3世纪《南州异物志》记载的熏陆（乳香）、藿香、甲香、郁金香（花），等等。另据考古发掘及有关学者的考证，西汉时很可能已有乳香和龙脑香。沉香、苏合香、枫香、乳香、龙脑香都是香气较浓的树脂类香药，也是和制熏香的重要香药。

据笔者初步考察，汉代香药的发展很可能先是边陲地区的香药传入内地（以沉香、青木香为代表），其时间应不迟于西汉中期；此后是海外香药（以苏合香、鸡舌香为代表）的传入，其记载可见于东汉时期的文献。

沉香

自公元前110年（汉武帝中期），多产沉香的海南岛、两广等地区和越南北部已进入西汉的疆域。沉香，香气鲜明、典雅，且较为珍稀。岭南上层社会及西汉王族一直盛行熏香，汉武帝本人也热衷于奇花异木，沉香可能很早就进入了西汉宫廷。

在汉晋时期新增的、来自边陲和域外的香药中，就笔者所见，沉香进入植物文献的时间最早。记载岭南物产的东汉杨孚的《异物志》（1世纪后期）

即载有沉香（"木蜜"）且记述准确，广为后人引用："木蜜香名曰香树，生千岁，根本甚大。先伐僵之，四五岁乃往看，岁月久，树根恶者腐败，唯中节坚贞，芬香独在耳。"（《法苑珠林》卷四九引）

《西京杂记》也有西汉使用沉香和青木香的记载：汉成帝永始元年（前16），赵飞燕封皇后，同为宠妃的胞妹赵合德有书信记载送赵飞燕的35种贺礼，除"琉璃屏风"等物，还有"青木香""沈水香""九真雄麝香""五层金博山香炉"。书中另记赵合德喜欢熏香：其昭阳殿居处有"绿熊席，席毛长二尺余"，"坐则没膝其中，杂熏诸香，一坐此席，余香百日不歇"。

这一记载应是较为可信的。今知西汉时宫廷盛行熏香，赵合德"杂熏诸香"是合理的；已出土的汉武帝时期的鎏金或嵌金博山炉，汉成帝时期的"五层金博山香炉"可初证。《西京杂记》中另记有"被中香炉"，现已发掘出同种唐代器物。自公元前110年沉香进入西汉疆域，到公元前16年有近100年的时间，因此汉成帝宫廷使用沉香是很可信的，也是很自然的。"沈水香"盖为沉香的早期名称之一，从文字上看，《西京杂记》记"沈水香"也符合早期的用字习惯。

"沈"字源于甲骨文，形如沉牛入水，表沉重、沉没；古无"沉"字，东汉后俗用讹为"沉"，故"沈水香"应早于"沉水香"。"沈木"盖言沉香为木质而又重于木。相关名称可见于1世纪杨孚的《异物志》，其称沉香为"木蜜"；而"沈水"的较早记载可见于3世纪《南州异物志》，言"置水则沉"，且也将沉香称为"木香"。故"沈木香"应早于"沈水香"。魏晋之后"沈""沉"并用，多用"沉（沈）水香""沉（沈）香"，也有"沉木香"，但已甚少"沈木香"。

青木香

青木香自魏晋时期即为道教最重要的香药之一。魏晋时期所用的青木香，常被认为是《神农本草经》所记之"木香"，汉时曾产于云南永昌。依此而论，

则青木香的产地也在公元前 110 年前后进入西汉版图。也有学者认为，魏晋前的青木香与"木香"并非一物，不产于本土，而是从印度、缅甸或西亚进口的。若此论成立，以西汉对外交流之发达，也完全可以实现（南北朝时青木香已从岭南传入）。

其他关于青木香的记载出现也较早。如东汉《黄帝九鼎神丹经诀》载有"沐浴五香"的语句，道家常将此"五香"释为青木香、白芷等 5 种香药。

东汉也有乐府歌辞言："列国"胡商带来五木香及迷迭香、艾纳香、都梁香。道家常将五木香释为青木香："青木华叶五节，五五相结，故曰五香之草也。辟恶气，检魂魄，制鬼烟，致灵迹。……此香多生沧浪之东。"东方为青，"故东方之神人，名之为青木之香"。（《太丹隐书洞真玄经》）

3 世纪的《南州异物志》对青木香已有较为准确的记载："青木香，出天竺，是草根，状如甘草。"（《法苑珠林》卷四九）

若按"青木香"为"木香"之说，则 2 世纪前的《神农本草经》已有记载：木香"主治邪气，辟毒疫温鬼"，"久服不梦寤魇寐"。魏晋时期的青木香指今菊科植物云木香的块根，又称木香、五木香、广木香等，自明末改称"木香"并沿用至今，而"青木香"则改指另一种马兜铃科植物。

苏合香、鸡舌香等

苏合香、鸡舌香、枫香至迟在东汉时已有使用。

如班固给班超的书信即载有从西域购买苏合香之事："窦侍中令载杂彩七百匹，白素三百匹，欲以市月氏马、苏合香。"（《全后汉文·与弟超书》）

《后汉书·西域传》记载大秦盛产苏合香：大秦"多金银奇宝"，"合会诸香，煎其汁以为苏合"。

汉诗有"被之用丹漆，熏用苏合香"。

汉尚书郎奏事，须含鸡舌香（南洋所产丁香）。（《汉官仪》）

曹操曾嘱家人"烧枫胶及蕙草"为居室辟秽，"枫胶"即枫香。（《法苑珠林》

卷三六引《魏武令》）

广州南越王汉墓（公元前122年）中除发现多件铜、陶熏炉，还出土了装在漆盒中的香药，研究者称其很可能是乳香。该香药应是沿海路自北非或西亚传来，或从南洋转运而来。

《史记·货殖列传》（公元前92年）载，番禺（广州）是"果、布"的集散之地："番禺亦其一都会也，珠玑、犀、玳瑁、果、布之凑。"魏晋时常将"果、布"释为龙眼、荔枝、葛布等物。近现代以来，韩槐准等学者则将"果、布"考证为来自南洋的龙脑香，"果、布"为"果布婆律"之简称，是马来西亚语龙脑香（Kapur-barus）的音译，龙脑香也称"固不（布）婆律"。

汉代用香的兴盛属于生活用香的范畴

从目前的了解来看，笔者认为，汉代用香的兴盛，如熏炉的普及、香药品种的增多，属于"世俗"生活用香的范畴，是先秦熏香、佩香风气的延伸，少有祭祀和宗教色彩。

汉代熏香的主要用途不是祭祀，而是用于日常生活，被视为一种生活享受，或是祛秽、养生、养性的方法。此时祭祀主要还是沿用先秦的燔柴、燃萧、供香酒等祭法。《史记》《汉书》等关于祭祀、神仙活动的记载也没有涉及熏炉或沉香、苏合香等香药。现在出土的香具中有许多是用于熏衣、熏被的（包括熏笼、熏炉），也有许多熏炉是位于墓葬的生活区包括更衣场所，作为生活起居用品出现的，有的熏炉还与酒器、乐器放在一处。

关于用香的文献记载也大都与生活用香有关，如《西京杂记》载汉成帝宠妃赵合德居室"杂熏诸香"，坐处"余香百日不歇"。《汉官仪》载尚书郎熏香、含香、佩香，有女侍"执香炉烧熏"，"握兰含香"。《全后汉文·与弟超书》载窦宪以高价从西域购买"奢侈品"苏合香。

博山炉虽然模拟的是仙山景象，但只是装饰性的造型，当时神仙之说盛行，

模拟仙境的器物很多。文献中未发现博山炉与神仙方术有直接的关系，却知西汉的博山炉多用于日常生活，如鎏金银竹节熏炉为汉武帝的日常起居用品。

"祛秽"是汉代熏香的一大功用，显然也属于生活用香。到东汉时，熏香祛秽的观念已十分流行，如诗人秦嘉曾向妻子寄赠香药，并在信中言："今奉麝香一斤，可以辟恶气"，"好香四种各一斤，可以去秽"。（《太平御览》卷九八一引《与妇书》《答妇徐淑书》）俄藏敦煌文献所见《秦嘉重报妻书》有"芳香可以去秽"的字样。曹操也曾令嘱家人"烧枫胶及蕙草"为居室祛秽。

据笔者初步考察，魏晋后祭祀所用香炉及各种香药似是"借"用了汉代生活用香发展出来的香炉及香药。西汉流行的熏炉可溯至战国熏炉，其前身并非商周祭祀用的鼎彝礼器，而是5000—4000年前作为生活用品出现的陶熏炉，是沿生活用香的线索发展而来，即新石器时代末期的陶熏炉（生活用香）—先秦、西汉的熏炉（生活用香）—魏晋后的熏炉（生活用香兼祭祀用香）。

道教对熏炉与香药的使用似应视为汉代熏香的一种应用或是熏香盛行的一种表现，而不是西汉熏香得以发展的原因。起源于印度的佛教历来主张用香，但只是在公元前后才传入中国。公元前120年前后，熏香在西汉王族阶层已流行开来（广州南越王墓的时间为公元前122年，亦出土多件香具），至少一百多年之后，才有汉晋道教、佛教兴起并倡导用香，属于生活用香的熏炉（包括博山炉）和香药才逐步扩展到祭祀领域。东汉的早期道教有焚香、浴香等祭礼，但未见使用熏炉的记载。魏晋后的祭祀（除燔柴、燃萧）也开始使用熏炉和沉香等香药，迟至梁武帝天监四年（505），郊祭大典才首用焚香之礼，用沉香祭天、上和香祀地（有别于前代的燔柴、燃香蒿等祭法）。（《隋书·礼仪志》）迟至天宝八载（749），唐玄宗诏书"三焚香以代三献"，皇室祭祖才开始多用焚香。（《通典·禘祫》）

熏香的理念

兴起于西汉的香虽属生活用香，却也并非仅仅被视为一种生活享受，其发展速度之快、地域之广，与"养性"学说在当时的流行有很大关系。

汉初已很讲究养生、养性，"治身养性，节寝处，适饮食"。汉代儒学、中医、道家学说俱盛，无论是内圣外王的儒家、羽化登仙的道家还是应天延命的医家，都倡导"养性"，遵净心、养德、养性为养生之本。熏香既芬芳"养鼻"，又可清净意志、安和身心，且香气轻扬，上助心性修为，下增世俗享受，加之上古就有以香气享神的传统，因此，熏香在该时期得到推崇和流行也在情理之中。

周秦之际的《吕氏春秋·去私》曰："声禁重、色禁重、衣禁重、香禁重、味禁重、室禁重。"《吕氏春秋·本生》曰："物也者，所以养性也，非所以性养也。今世之人，惑者多以性养物，则不知轻重也。"这种禁重主张也反映出当时已很重视香气与身心的关系，主张恰当使用，而不为芬香所制。

汉初《春秋繁露·执贽》用郁金草酿制的香酒（鬯）来比喻圣德：鬯"取百香之心"，"择于身者，尽为德音，发于事者，尽为润泽，积美阳芳香以通之天"，"淳粹无择，与圣人一也"。

正是香气养性的观念塑造、推动了西汉的生活用香，推动了香炉与香药的使用，铸就了中国香文化的基石，也赋之以长久的生机并预示了它辉煌的前景。

香具：博山炉、熏球

汉代熏炉的数量和种类都远多于战国时期。其材质以陶炉、釉陶炉、铜炉为主，有博山炉、鼎式炉、豆式炉等多种样式。当时的熏香大多是直接熏焚（一种或多种）香草、香木，（常在炉中放入木炭）所以炉腹的容积也较大。多带有炉盖，常在炉盖、炉壁及炉底开出较多的孔洞以助燃和散香。炉盖能防

汉·博山炉

止火灰溢出，也可控制燃烧速度，使香气混合更为均匀。炉下常有承盘，用于承灰或贮水以增水汽。

博山炉是一种造型特殊的熏炉。炉盖高耸如山，模拟仙山景象（传说东海有"博山"仙境），饰有灵兽、仙人，镂有隐蔽的孔洞以散香烟。炉座下还常设有贮水（有贮兰汤之说）的圆盘，以润气蒸香，象征东海。焚香时，香烟从镂空的山形炉盖中散出，宛如云雾盘绕的海上仙山。具体炉具各有变化，灵兽的种类、炉柄的高度等都有所不同。初期多为铜炉，后来也有许多釉陶炉、彩绘陶炉。除了居室熏香，博山炉还用于熏衣、熏被、取暖，魏晋后也多用于祭祀焚香。

博山炉在战国时期已经出现，从西汉到南北朝的700年间十分流行，且多为王公贵族所用，还包括仙境、天地、山海等丰富的造型，故也是汉晋时期地位最高、最为特殊的一类熏炉，常被视为汉代工艺品的重要代表。西汉刘向还有咏博山炉的铭文："嘉此正器，崭岩若山。上贯太华，承以铜盘。中有兰绮，朱火青烟。"古代有"博山之前无香炉"的说法，至今多有流传。今知此说不实，现已发掘出很多早于博山炉的熏炉。可参见"香具·博山炉"一节。

汉代多用熏笼为衣物熏香。熏笼形如在熏炉外面再罩上一层竹笼（或石、玉等材质），衣物可搭挂在竹笼上，形制有大有小，可熏手巾、衣服、被褥等。熏衣、熏被既能为衣物添香，又能除菌、辟虫、暖衣被，营造舒适的氛围，在生活讲究的汉代（及魏晋）上层社会十分流行。

据《西京杂记》载，西汉时已有现在所说的"熏球"，丁缓曾制出"被中香炉"（三层转轴），其发明者是更早的房风："长安巧工丁缓者……又作卧褥香炉，一名被中香炉，本出房风，其法后绝，至缓始更为之，为机环，转运四周而炉体常平。"

熏球可算是一种结构巧妙的"可自由滚转的球形熏炉"，又称"香球"，多以银、铜等金属制成，球壁镂空，球内依次套有三层小球，每个小球都挂在一个转轴上（转轴与外层球相连），最内层悬挂焚香的小钵盂。熏球转动或滚动时（三维旋转），在钵盂的重力作用下，三层转轴相应旋转调整，钵盂则始终能保持水平，香品不会倾出。这种熏球即使在床上和被褥中也能使用，亦称"被中香炉"。熏球常设有提链，可出行时使用或悬挂于厅堂、车轿中；可加设底座，便于平放。也有较为简单的熏球，仅套一层（或两层）小球，只能作一维（或二维）旋转。

司马相如《美人赋》记载了更早的、汉景帝时的"金鉔"："金鉔熏香，

唐代·熏球

黼帐低垂。"（《古文苑》）按宋代章樵的解释，"金錍"是可以旋转的"香球"，相当于现在的熏球。"金錍"一词后来使用较少，它应是指熏球或其他可以转动的熏香器物。

早期的和香

汉代不只熏烧单一品种的香药，还常用多种香药来调配香气。

西汉前期已有混合熏烧多种香药的做法（常加入木炭）。马王堆一号墓就发现了混盛高良姜、辛夷、茅香等香药的陶熏炉。这种"多种原态香材混于一炉"的香品可算是"早期的和香"（和香：以多种香药配制的香品，如香粉、香丸等，常有特定配方）。

不迟于西汉中期，岭南地区还使用别致的"多穴熏炉"来调配香气。南越王墓曾出土四穴连体熏炉，该炉由4个互不连通的小方炉合铸而成，可同时焚烧4种香药。

西汉·四穴铜熏炉

《西京杂记》所记汉成帝宠妃赵合德"杂熏诸香"，可能也是指"混合熏烧多种香药"。如《三国志·吴书·士燮传》载交趾太守士燮常以"杂香细葛"赠孙权。

据笔者初步考察，对和香的较早记载可见于东汉的《黄帝九鼎神丹经诀》，此经言及炼丹要领："结伴不过二三人耳，先斋七日，沐浴五香，置加精洁。"此"五香"常认为是指青木香、白芷、桃皮、柏叶、零陵香。

3 世纪时，和香已有较多使用。另有宋代典籍言及汉代和香，但其可靠性尚待考察。

南越王墓出土的多穴熏炉适于直接熏烧原态香药，若有了和香则其不必再用。而迄今为止罕有此类熏炉出土，或也提示出从多穴熏炉的使用（公元前 122 年之前）到和香的出现，其间隔时间并不长。

早期道教用香

敬祭天地山川、宗庙社稷的传统，上古燔柴升烟的祭礼都体现了传统文化顺天应人的思想，也是道家观念的体现。

道教与香更有深厚的渊源。西汉的神仙方术或许也曾使用熏香，到东汉时，早期道教已较多采用熏香、浴香为祭礼。较为重要的一些道教经书已有关于香的记载，如《太平经》有："夫神精，其性常居空闲之处，不居污浊之处也；欲思还神，皆当斋戒，悬象香室中，百病消亡。"（《三洞珠囊》卷一《救导品》引）

《黄帝九鼎神丹经诀》亦多处言及用香：炼丹须选深山、密室等幽静清洁之处，选择特殊日期起火，同行者须志同道合，还要"沐浴五香"（"五香"为青木香、桃皮、柏叶等 5 种香药）。起火前须行祭，除置备酒、牛羊脯、米饭、枣等供物，还要"烧香再拜"。丹成服药时，也要"斋戒沐浴五七日，焚香"。

《太清金液神丹经》也载有焚香的祭礼，并且言及沉香："祭受之法，用好清酒一斗八升，千年沉一斤。""千年沉"应是指上等沉香。沉香之形成，需树脂等成分缓慢聚积、熟化，时间越长品质越好，也有上百年以至数百年的沉香。

汉武帝与香

汉武帝时期是汉代用香最重要的一个发展阶段，在香文化史上也占有重要的地位。可以说，汉武帝对香的发展有很大贡献。他的卓著功绩在客观上促进了香药的输入：畅通丝绸之路，使国外的香药得以经西域入汉；统一西南和岭南地区，便利了南部边陲地区的香药北传，域外香药也可通过岭南地区的港口运入内地。

历史上影响最大的一类香炉"博山炉"也与汉武帝有颇多关系。汉武帝之前已有博山炉（战国时期），但目前能确定纪年的熏炉中，规格最高、最为精美的博山炉则是出现在汉武帝时期。如出现于汉武帝建元五年（前136）的"鎏金银竹节熏炉"（茂陵陪冢出土），雕饰九龙，初为武帝所用，后归他的姐姐阳信长公主和卫青。另有满城汉墓出土的错金博山炉，为其异母兄长、中山靖王刘胜所用。由于武帝陵在历史上被多次盗抢，现难以更多地了解武帝使用的香具，但从竹节熏炉与错金博山炉来看，他应有十分精美的熏香器物。并且，这两件熏炉只是出现在武帝在位时的前二十余年，其后近三十年的时间里很可能还有更为精美的香具。

博山炉的广泛使用及熏香风气的扩展也是在汉武帝时期。博山炉能在西汉快速流行开来并享有很高的地位，或许与汉武帝的推重有关。武帝奉仙好道，极为虔诚。他广置宫台，八封泰山，数次东巡临海，"东至海上望，冀遇蓬莱""考神仙之属"（《史记·孝武本纪》），对象征仙境的博山炉也应多有青睐。宋《考古图》载，汉王侯至封地就职，则"赐博山香炉"。汉武帝时的南北各地的侯王墓均发现了制作精良的博山炉，或许当时即有以博山炉分赐诸王之事。

六朝时期的一些志怪小说及记载百科奇闻、地理博物的书籍常将奇香异香、神仙故事与汉武帝联系在一起，并有各地官吏、邻邦诸国进贡各种异香的记载，例如：

《博物志》记祛除长安瘟疫的异国香品：武帝时，"弱水西国有人乘毛车以渡弱水来献香"，因其外观平常，"大如鸾卵，三枚，与枣相似，帝不悦"。"后长安中大疫"，"西使乞见，请烧所贡香一枚，以辟疫气，帝不得已，听之，宫中病者登日并瘥，长安百里咸闻香气，芳积九十余日，香犹不歇。帝乃厚礼发遣钱送"。

《述异记》记能聚生暖气的"辟寒香"："辟寒香，丹丹国所出，汉武时入贡。每至大寒，于室焚之，暖气翕然自外而入，人皆减衣。"

《汉武内传》记武帝焚"百和之香"迎西王母：武帝"修除宫掖燔百和之香，张云锦之帷，燃九光之灯"，以候王母降。

《拾遗记》记武帝梦中得李夫人授"蘅芜香"："梦李夫人授帝蘅芜之香，帝惊起，而香气犹着衣枕，历月不歇。"

《洞冥记》记武帝以"怀梦草"得梦李夫人："有梦草似蒲色红，昼缩入地，夜则出，亦名怀梦。怀其叶则知梦之吉凶，立验也。帝思李夫人之容不可得，朔乃献一枝，帝怀之，夜果梦夫人，因改曰怀梦草。"

记武帝烧种种异香："（武帝）元封中起方山像，招诸灵异，召东方朔言其秘奥，乃烧天下异香，有沉光香、精祇香、明庭香、金碑香、涂魂香。"

汉武帝与香的故事也是魏晋后文学作品的常用题材。如白居易有乐府诗《李夫人》（武帝对宠妃李夫人早亡深为悲恸，以皇后之礼葬之，命人绘其像挂于甘泉宫）："夫人病时不肯别，死后留得生前恩。""丹青画出竟何益？不言不笑愁杀人。又令方士合灵药，玉釜煎炼金炉焚。九华帐中夜悄悄，反魂香降夫人魂。夫人之魂在何许？香烟引到焚香处。""魂之不来君心苦，魂之来兮君亦悲。""伤心不独汉武帝，自古及今皆若斯。""人非木石皆有情，不如不遇倾城色。"

咏香诗文：朱火青烟

西汉气势壮美的大赋常写香草香木，如司马相如的《子虚赋》《上林赋》就以华美的辞藻描绘出遍地奇芳、令人神往的众香世界，如《子虚赋》言"云梦泽"之胜景："云梦者，方九百里……其东则有蕙圃衡兰，芷若射干，芎䓖菖蒲，江蓠蘼芜……其北则有阴林巨树，梗楠豫章，桂椒木兰……"大意是：云梦泽东有种种芳草：蕙草、杜衡、兰草、白芷、杜若、射干……北有森林巨树，黄楩、楠木、樟木、桂树、花椒、木兰……

司马相如《美人赋》写"金釭"："寝具既设，服玩珍奇；金釭熏香，黼帐低垂。"

西汉后期有博山炉刻有刘向的《熏炉铭》，描写雕凿精美的铜博山炉，这也是现存最早的描写香炉的诗文：

嘉此正器，崭岩若山。上贯太华，承以铜盘。中有兰绮，朱火青烟。

《汉书·龚胜传》有："熏以香自烧，膏以明自销。"熏草因芳香而被焚烧，灯油因能发光而被销熔，感叹其因才能而招灾祸。

东汉中期之前的咏香诗文，主要是承续了先秦吟咏香草的传统，涉及熏（烧）香的作品较少。盖有两方面的原因：一是当时的文人可能较少使用熏香。熏烧时香气较浓的香药大都来自边陲或域外，稀少珍贵，即便是有一定地位的朝中官员也难得享用，如桓帝时侍中不知鸡舌香，这或许是文人较少用香的原因之一。另一方面是文人自身的原因，东汉中期之前的文人有较重的宫廷侍从或御用文人色彩，也尚未形成较为独立的真正意义上的文人阶层，其作品集中于歌功颂德或宣扬经学道理，较少涉及文人的自身生活。

东汉中后期的情况则有所不同。文人们开始更多地关注个体生活和人生体验，出现了以"古诗十九首"为代表的一批优秀的乐府诗以及反映文人日常生活的散文。许多作品情感真挚、朴素、清新，将汉代文学推向了一个高峰，也成为魏晋文学"觉醒"的先声。在这批中国文学史上最早"觉醒"的诗歌与散文中，即出现了咏香（熏烧之香）的佳作，如名篇《四坐且莫喧》及秦嘉大妇的往还书信，另有《艳歌行》《行胡从何方》《孔雀东南飞》《上山采蘼芜》等也涉及香药（香草）、香囊。可以说，这些作品是以新的面貌继承了先秦文人佩香咏香的传统。

《四坐且莫喧》描写博山炉，文辞清新，高古中透苍凉，颇有神韵："四坐且莫喧，愿听歌一言。请说铜炉器，崔嵬象南山。上枝似松柏，下根据铜盘。雕文各异类，离娄自相联。谁能为此器，公输与鲁班。朱火燃其中，青烟扬其间。顺风入君怀，四坐莫不欢。香风难久居，空令蕙草残。"（一作"从风入君怀，四坐莫不欢"）博山炉炉盖"崔嵬"如山，"铜盘"作托盘，熏烧"蕙草"。

《行胡从何方》言及"列国"胡商带来五木香、迷迭香、艾纳香、都梁香。

《艳歌行》有："被之用丹漆，熏用苏合香。本自南山松，今为宫殿梁。"

《古诗为焦仲卿妻作》（《孔雀东南飞》）有："妾有绣腰襦，葳蕤自生光。红罗复斗帐，四角垂香囊。"繁钦《定情诗》亦有："何以致叩叩？香囊系肘后。"

《上山采蘼芜》言及香草蘼芜："上山采蘼芜，下山逢故夫。长跪问故夫，新人复何如。新人虽言好，未若故人姝。……将缣来比素，新人不如故。"

与五言诗的兴起同步，散文也多新鲜气象，诗人秦嘉、徐淑（徐淑擅五言诗，汉代著名才女，与班姬、蔡琰齐名）夫妇的往还书信为文学史上的名篇。两人感情深厚，书信感人，且屡屡涉及香。

汉桓帝时（公元 147—167 年在位），秦嘉为官在外，徐淑在娘家养病。秦嘉因公务须赴京城久居，便遣车马接迎徐淑，但她因病未能随车而还。秦嘉又寄赠了明镜、宝钗、好香（指香药）、素琴，并在信中言："间得此镜，既明且好……意甚爱之，故以相与。并宝钗一双，好香四种，素琴一张，常所自弹也。明镜可以鉴形，宝钗可以耀首，芳香可以馥身，素琴可以娱耳。"

徐淑盼丈夫早归，回信情意深厚："镜有文彩之丽，钗有殊异之观，芳香既珍，素琴益好……敕以芳香馥身，喻以明镜鉴形，此言过矣，未获我心

也。昔诗人有飞蓬之感，班婕好有谁荣之叹。素琴之作，当须君归。明镜之鉴，当待君还。未奉光仪，则宝钗不列也。未侍帷帐，则芳香不发也。"（《艺文类聚》卷三二引《又报嘉书》）

近年面世的俄藏敦煌文献中，也有秦嘉、徐淑两人的书信，其文字更多，文辞更平实，似更接近原书。其中秦嘉信有"芳香可以去秽"；徐淑信有："览镜将欲何施，去秽将欲谁为。"《艺文类聚》作"芳香可以馥身"，行文更为优美，而从当时用香的情况看，敦煌文献强调"去秽"而非"馥身"，应更为真实。

由此亦知，不迟于东汉后期，"好香"已是堪与明镜、宝钗、素琴并列的雅物、珍物，三国时期多见的赠香之事应是汉代风气的延续。

至于秦嘉、徐淑故事，相传是个不幸的结局。后来秦嘉赴京为官，不幸早亡，徐淑千里奔丧，后抑郁而逝。可叹恩深义重，终成一段悲情，《诗品》亦云："夫妻事既可伤，文亦凄怨。"

"素琴之作，当须君归。明镜之鉴，当待君还。未奉光仪，则宝钗不列也。未侍帷帐，则芳香不发也。"情动后人，余音千载。

3. 香光庄严：成长于魏晋南北朝

魏晋南北朝时期的近四百年，政局纷乱动荡，而哲学思想与文化艺术领域异常活跃，对中国文化贡献巨大，也是香文化发展史上的一个重要阶段。

这一时期，熏香风气不断扩展，香药的种类和数量显著增加，以多种香药配制的和香得到普遍使用。熏香在上层社会更为普遍，并且进入了许多文人的生活，出现了一批优秀的咏香诗赋，使香在天然的芬芳中又多了一分典雅的书香。道教与佛教兴盛，推动了香的使用，也促进了对香药性能的了解及制香方法的提高。宫廷用香、文人用香与佛道用香构成了魏晋香文化的三条重要线索，它们相互交融又独立成章，共同推动了香的发展。

香药的丰富：《异物志》

随着魏晋时期交通的便利及对外交流的增加，边陲和域外的香药大量进入内地，对香药的使用有了长足进展。到南北朝时，香药品种已基本齐全（龙涎香等少数品种除外），且绝大多数香药都已收入本草典籍，对香药的特性有了更为深入的了解，香药名称也已得到统一。

自东汉后期至南北朝，继东汉杨孚《异物志》之后，出现了一批有州郡地志性质的书籍，记载了各地特异物产，其中有许多关于香药的内容，涉及

西晋·青瓷敦式炉

香药的产地、性状特征等，如3世纪的《南州异物志》，4世纪的《广志》《南方草木状》等。

《南州异物志》的作者万震，吴时曾为丹阳太守。此书较早记载了鸡舌香、青木香、藿香、木香（指沉香）、熏陆香（指乳香）、甲香、郁金香（花）等，如："鸡舌香，出杜薄州。云是草萎，可含香口。""青木香，出天竺，是草根，状如甘草。""藿香，出典逊海边国也。属扶南，香形如都梁，可以着衣服中。"

《广志》较早记载了艾纳香、兜纳香、苏合香。"艾纳香，出剽国。"苏合香，"国人采之，笮其汁以为香膏，乃卖其滓与贾客。或云，合诸香草煎为苏合，非自然一种物也"。

《南方草木状》较早记载了枫香："枫香，树似白杨，叶圆而歧分，有脂而香，其子大如鸭卵，二月华发，乃著实，八九月熟，曝干可烧。惟九真郡有之。"此枫香即枫胶香，今金缕梅科植物枫香树（非北方多见的枫树）的树脂。

魏晋时期的各类文献关于香药的记载都明显增多，如《三国志·魏志》裴松之注引《魏略·西戎传》载：大秦多"微木、苏合、狄提、迷迷、兜纳、白附子、薰陆、郁金、芸胶、薰草木十二种香"。《梁书·诸夷传》载扶南国（今柬埔寨）贡香之事：扶南于天监十八年（519），"复遣使送天竺旃檀瑞像、婆罗树叶，并献火齐珠、郁金、苏合等香"。《魏书·西域传》载：波斯多"薰陆、郁金、苏合、青木等香，胡椒……香附子……雌黄等物"。

和香的普及：香方 · 范晔

3世纪时，和香（以多种香药配制的香品）已有较多使用。如《南州异物志》载："（甲香）可合众香烧之，皆使益芳，独烧则臭。"（《太平御览》卷九八一引）即甲香，单烧气息不佳，却能配合其他香药，增益整体的香气。

魏晋南北朝时，香药品种繁多，也已普遍使用和香。选药、配方、炮制都已颇具法度，并且注重香药、香品的药性和养生功效，而不只是气味的芳香。和香的种类丰富，就用途而言，有居室熏香、熏衣熏被、香身香口、养颜美容、祛秽、疗疾以及佛家香、道家香等多类；就用法而言，有熏烧、佩戴、涂敷、熏蒸、内服等；就形态而言，有香丸、香饼、香炷、香粉、香膏、香汤、香露，等等。

范晔（398—445，著名史学家，著《后汉书》）《和香方序》言香药特性："麝本多忌，过分必害；沉实易和，盈斤无伤。零藿虚燥，詹唐黏湿。甘松、苏合、安息、郁金、奈多、和罗之属，并被珍于外国，无取于中土。又枣膏昏钝，甲煎浅俗，非唯无助于馨烈，乃当弥增于尤疾也。"（《宋书·范晔传》）即麝香应慎用，不可过分；沉香温和，多用无妨，等等。乃借香药影射朝中人士，《宋书》："'麝本多忌'，比庾炳之……'甲煎浅俗'，比徐湛之……'沉实易和'，以自比也。"

从范晔的这段话亦知当时的文人士大夫不仅熏香用香，并且还懂香、制香，能以香药喻人，也足见人们对香药和熏香的熟悉。上述文字虽短，却反映出当时用香、制香的观念和状况，颇有价值。据笔者初步考察，《和香方》也是目前所知最早的香学（香方）专书，可惜正文已佚，仅有自序留存。

《肘后备急方》载"六味熏衣香方"（香丸，熏烧，陶弘景方，约公元500年）：

沉香一两、麝香一两、苏合香一两半、丁香二两、甲香一两（酒洗，

蜜涂微炙）、白胶香一两。右六味药捣，沉香令碎如大豆粒，丁香亦捣，

余香讫，蜜丸烧之。若熏衣加艾纳香半两佳。

魏晋士大夫之熏衣，或许也用此类和香。

另载"令人香方"（香丸，内服）：

白芷、薰草、杜若、杜蘅、藁本分等。蜜丸为丸，但旦服三丸，

暮服四丸，二十日足下悉香，云大神验。

魏晋南北朝时也出现了多部香方专书，除范晔《和香方》之外，还有宋明帝《香方》《龙树菩萨和香法》《杂香方》《杂香膏方》等，惜其已佚。

香药用于医疗：葛洪、陶弘景

这一时期的香药在医疗方面已有许多应用，虽还不像唐代那样普遍，但发展速度也很快。南北朝时的本草典籍《名医别录》（成书不迟于公元500年，盖为3—5世纪医学资料之汇集）即收载了沉香、檀香、乳香（熏陆香）、丁香（鸡舌香）、苏合香、青木香、香附（莎草）、藿香、詹唐香等一批新增香药。陶弘景曾为此书作注（一说是陶弘景汇编前代史料而成），并据之对《神农本草经》作修订补充，增365种药，编撰了著名的《本草经集注》。

葛洪、陶弘景等许多名医都曾用香药治病，涉及内服、佩戴、涂敷、熏烧、熏蒸等多种用法。

葛洪（约281—341），自号抱朴子，是道家大德、著名的炼丹术家，也是魏晋时期最重要的医学家，在温病学、免疫学、化学等多个领域都有世界性的贡献。

陶弘景（456—536），齐梁间人，与葛洪相似，是道家大德（亦修佛），也是著名医学家，擅书法，精于制香。其辞官隐修后，梁武帝仍常登门问询，人称"山中宰相"。摩崖书法名作、镇江焦山的《瘗鹤铭》（瘗鹤：葬鹤）

碑很可能是由陶弘景撰文、书写。唐宋以来，此碑被誉为"大字之祖"。

葛、陶二人皆重视用香，也有许多用香药疗病的医方，如葛洪以"青木香、附子、石灰"制成粉末，涂敷以治疗狐臭；用苏合香、水银、白粉等做成蜜丸内服，治疗腹水（《肘后备急方》）；用鸡舌香、乳汁等煎汁以明目、治目疾（《抱朴子》）。陶弘景以雄黄、松脂等制成药丸，用熏笼熏烧，"夜内火笼中烧之"，以熏烟治"悲思恍惚"等症；用鸡舌香、藿香、青木香、胡粉制为药粉，"内腋下"以疗狐臭（《肘后备急方》）。

葛洪还曾提出用香草"青蒿"治疗疟疾。至 20 世纪 70 年代，中国科学家从黄花蒿（古称青蒿）中提取出对疟疾有独特疗效的"青蒿素"。现在，国内外以青蒿素为基础开发的药物已成为世界上最重要的抗疟药物之一，挽救了数百万危重患者的生命并为阻止疟疾传播作出了重要贡献。（先秦的"萧"即指香气较浓的蒿，应包括青蒿）

曹操铜雀分香 · 梁武帝沉香祭天

六朝宫廷贵族的用香风气犹盛于两汉。如晋代《东宫旧事》："太子纳妃，有漆画手巾，薰笼二，又大被薰笼三，衣薰笼三。""皇太子初拜，有铜博山香炉一枚。"（《艺文类聚》卷七〇引）据《通典·丧志》记载，晋代宫廷还将香炉及釜、枕等定为必有的随葬品。

生活节俭的曹操对熏香没有特殊的兴趣（还自言"不好烧香"），但关于他的史料颇有一些涉及香的内容。曹操曾数次禁家人熏香、佩香以示节俭："昔天下初定，吾便禁家内不得香熏。……今复禁不得烧香，其以香藏衣着身亦不得。"（《太平御览》卷九八一引《魏武令》）曹操曾令嘱家人烧枫香、蕙草辟秽："房室不洁，听得烧枫胶及蕙草。"（《法苑珠林》卷三六引《魏武令》）唐陆龟蒙还有诗记之："魏武平生不好香，枫胶蕙炷洁宫房。"据《广志》载，曹操也常身佩香草："蘼芜，香草，魏武帝以藏衣中。"

曹操次子曹丕曾在宫中引种迷迭香，邀请曹植、王粲等人观赏，并各以《迷迭香》为题作赋，曹丕有："余种迷迭于中庭，嘉其扬条吐香。""随回风以摇动兮，吐芳气之穆清。"曹植有："播西都之丽草兮，应青春而凝晖。""信繁华之速实兮，弗见凋于严霜。"迷迭香自西域传入，属小灌木，植株低矮，状如芳草，故言"西都之丽草"；又耐寒，秋冬开花，故言"弗见凋于严霜"。

来自边陲和域外的名贵香药，对达官显贵们来说也是稀有之物，亦常用作典雅、高档的赠物。

曹操曾向诸葛亮寄赠鸡舌香并有书信言："今奉鸡舌香五斤，以表微意。"（《与诸葛孔明书》）鸡舌香是丁子香树的花蕾，后来也称丁子香、丁香，产于南洋岛屿，并非中国多见的丁香。

魏文帝曹丕曾遣使向孙权求"雀头香"（香附子）、象牙等物。"魏文帝遣使求雀头香、大贝、明珠、象牙……长鸣鸡。"（《三国志·吴主传》裴松之注引《江表传》）

交趾太守士燮常向孙权赠送香药："燮每遣使诣权，致杂香细葛，辄以千数，明珠、大贝……龙眼之属，无岁不至。"（《三国志·士燮传》）

历史上最著名的赠香之事或许是曹操的"分香卖履"。曹操临终时，遗嘱丧葬从简，不封不树，不藏珍宝，还特意嘱托将自己留下的香药分予妻妾，让她们空闲时可做鞋为卖，消遣时日。"魏武帝遗命诸子曰：'吾死之后，葬于邺中西岗上，与西门豹祠相近，无藏金玉珠宝。余香可分诸夫人，不命祭吾。'"（《邺都故事》）"（诸夫人）舍中无所为，学作履组卖也。吾历官所得绶，皆著藏中。吾余衣裘，可别为一藏，不能者兄弟可共分之。"（陆机《吊魏武帝文序》）

"分香卖履"的典故令后人感慨颇多，陆机有《吊魏武帝文》："纡广念于履组，尘清虑于余香。结遗情之婉娈，何命促而意长！"罗隐亦有诗："英雄亦到分香处，能共常人较几多。"

由曹操之赠香、分香可知，当时的名香已堪比金玉，有寄托性情之用，又为金玉所不及。风云一世的曹操临终对妻妾的挂念也颇有几分动人，苏轼亦云："操以病亡，子孙满前而咿嘤涕泣，留连妾妇，分香卖履，区处衣物，平生奸伪，死见真性。世以成败论人物，故操得在英雄之列。"（《东坡全集·孔北海赞并叙》）

西汉的熏炉与香药主要用于日常生活（祭祀则沿用燃香蒿、燔柴等祭法）。东汉至魏晋，随着道教和佛教的兴盛，熏炉与香药（沉香、青木香，等等）也逐渐用于祭祀。南北朝时，国家的重大祭祀活动也已用香，如梁武帝在天监四年（505）的郊祭中用沉香祭天，用上和香祀地，这也是郊祭用香的较早记载："南郊明堂用沉香，取本天之质，阳所宜也。北郊用上和香，以地于人亲，宜加杂馥。"（《隋书·礼仪志》）"上和香"盖指多种香药（香草）和制的熏香。

梁武帝萧衍在文化史上卓有影响，他受佛、道、儒诸家熏染，虽立佛教为国教，却也亲近儒道，且著述甚丰，是文坛的重要人物，也有写香的诗词，如名作《河中之水歌》有："河中之水向东流，洛阳女儿名莫愁。""卢家兰室桂为梁，中有郁金苏合香。"

熏衣傅粉，望若神仙

六朝时期的上层社会注重修饰姿容、增添风度，熏衣、佩香、傅粉等十分流行。"梁朝全盛之时，贵游子弟……无不熏衣剃面，傅粉施朱，驾长檐车，跟高齿屐，坐棋子方褥，凭斑丝隐囊，列器玩于左右，从容出入，望若神仙。"（《颜氏家训》）六朝时期也在历史上留下了很多轶事，成为人们津津乐道的典故。

荀令留香。曹魏时有尚书令荀彧，好浓香熏衣，所坐之处香气三日不散。后人也常用"荀令香""令君香"来形容人的风雅倜傥，如王维："遥闻侍中佩，暗识令君香。"白居易有："花妒谢家妓，兰偷荀令香。"李商隐有：

"桥南荀令过，十里送衣香。"《襄阳记》载：刘季和喜欢用香，甚至如厕后也要熏香，于是被人取笑，刘季和便争辩说："荀令君至人家，坐处三日香，为我如何令君，而恶我爱好也。"意思是"我"爱香的程度还远不如荀彧呢，凭什么嘲笑"我"呢？

东晋·青瓷豆式炉

傅粉何郎。魏明帝曹睿怀疑何晏（玄学家）是由于傅了脂粉才面色白皙，就趁暑天给他热汤饼吃。何晏吃得大汗淋漓，便用衣袖擦汗，不仅没擦下什么脂粉，面色反倒更白了。（《世说新语·容止》）黄庭坚："露湿何郎试汤饼，日烘荀令炷炉香。"即写何晏与荀令。

韩寿偷香。西晋权臣贾充的女儿贾午，与贾充的幕僚、相貌俊美的韩寿私下生情。贾充家中有皇帝所赐西域奇香，染之则香气多日不散，贾午偷出来送给了韩寿。韩寿身上的香气让贾充起了疑心，发觉之后，贾充便让女儿

嫁给了韩寿。(《晋书·贾充传》)
这个故事流传甚广，欧阳修还有
词记之："江南蝶，斜日一双双；
身似何郎全傅粉，心如韩寿爱偷
香。"后世所指男女恋爱幽会为
"偷香"即源于此。

谢玄佩香囊。东晋名将谢玄
小时候喜佩"紫罗香囊"，伯父
谢安担心他玩物丧志，又不想伤
害他，就用游戏打赌的办法赢了
他的香囊并烧掉了，小谢玄自此
也不再佩戴香囊。(《晋书·谢
玄传》)

东晋·青瓷敦式炉

石崇厕内熏香。东晋的石崇富可敌国，家中厕所也要熏香。厕内"常有
十余婢侍列，皆有容色，置甲煎粉，沉香汁，有如厕者，皆易新衣而出。客
多羞脱衣"，而王敦举止从容，"脱故着新，意色无怍"。(《晋书·王敦
传》)一贯生活简朴的尚书郎刘寔到石崇家，如厕时见"有绛纹帐，裀褥甚丽，
两婢持香囊"，以为错进卧室，急忙退出并连连道歉，石崇则说，那里的确
是厕所啊。(《晋书·刘寔传》)

道教的香

自东汉中后期至南北朝，道教发展迅速，涌现出许多卓有建树的大德高
道及《太平经》《参同契》《黄庭经》《抱朴子》《真诰》等一批重要典籍，
也逐渐形成了有明确的经典、戒律、组织并得到官方认可的成熟的道教。

东汉的早期道教已强调用香（可参见上一节），到汉末时，道教用香

已非常普遍。如《三国志·孙策传》裴松之注引《江表传》：（公元200年）道士于吉"往来吴会，立精舍，烧香读道书，制作符水以治病，吴会人多事之"。

南北朝时，道教所用的香品种类已较为丰富，且有焚烧、佩戴、内服、浸浴等多种用法，道教经典对于用香也已有明确的阐述，认为香可辅助修道，有"通感"、"达言"、开窍、辟邪、治病等多种功用。

《黄庭外景经》："恬淡无欲游德园，清净香洁玉女前。"《黄庭内景经》："烧香接手玉华前，共入太室璇玑门。""玄液云行去臭香，治荡发齿炼五方。"（《云笈七签》卷一二）《黄庭经》内记载有许多卓有价值的养生内容，如存思内视、漱咽津液、吐纳行气、守一养神、脏腑调养等。

葛洪《抱朴子内篇》（4世纪初）是道家的著名典籍，也是中医学的重要著作，书中有许多关于香的论述，例如：

论香药珍贵："人鼻无不乐香，故流黄郁金、芝兰苏合、玄胆素胶、江离揭车、春蕙秋兰，价同琼瑶。"

炼制"药金""药银"时须焚香，"常烧五香，香不绝"。（五香：青木香、白芷、桃皮、柏叶、零陵香；也有其他说法。）

身佩"好生麝香"及麝香、青木香等制作的香丸，也常加配其他药材，可辟江南山谷之毒虫及病邪之气。

尤为可贵的是，葛洪还专门批判了不重身心修养、不求道理、一味"烧香请福"的做法："德之不备，体之不养，而欲以三牲酒肴，祝愿鬼神，以索延年，惑亦甚矣……烹宰牺牲，烧香请福，而病者不愈，死丧相袭，破产竭财，一无奇异，终不悔悟。"烧香而不明理，则如"空耕石田，而望千仓之收，用力虽尽，不得其所也"。

《太丹隐书洞真玄经》："烧青木、薰陆、安息胶于寝室头首之际者，以开通五浊之臭，绝止魔邪之炁，直上冲天四十里。此香之烟也，破浊臭之炁，开邪秽之雾。故天人玉女太一帝皇，随香炁而来下，憩子之面目间焉。"

《登真隐诀》："香者，天真用兹以通感，地祇缘斯以达言。是以祈念存注，必烧之于左右，特以此烟能照玄达意，亦有侍卫之者宣赞词诚故也。"（《要修科仪戒律钞》引）

《真诰》："上清真人冯延寿诀曰：凡人入靖，烧香皆当对席，心拜叩齿阴祝，随意所陈，唯使精专，必获灵感，正心平气，故使人陈启通达上闻也。"（《云笈七签·秘要诀法·入靖法》引）

《道门科略》："大道虚寂，绝乎状貌。"修道场所应保持"其中清虚，不杂余物。开闭门户，不妄触突"，"唯置香炉、香灯、章案、书刀四物而已"。

南北朝时期的道教用香已十分兴盛，道教科仪上的"步虚词"（按一定旋律宣颂的文词)已有很多涉及香的内容,如梁陈之际的《洞玄步虚吟》十首(亦称《灵宝步虚》)。目前所知最早的步虚词有：

众仙诵洞经，太上唱清谣。香花随风散，玉音成紫霄。（《洞玄步虚吟》）

稽首礼太上，烧香归虚无。流明随我回，法轮亦三周。(陆修静《空洞步虚章》)

南北朝之后，道教用香不断发展，遍及道教的方方面面。还有多种《香赞》《祝香咒》，如：

道由心学，心假香传。香焚玉炉，心存帝前。真灵下盼，仙旆临轩。令臣关告，径达九天。（《祝香咒》）

玉华散景，九炁含烟。香云密罗，径冲九天。侍香玉女，上闻帝前，令我长生，世为神仙。所向所愿，莫不如言。

佛教的香

魏晋时期佛教的兴起不仅推动了用香风气的扩展，也使香品的种类更加

丰富，促进了南亚、西亚等地香药的传入，对香文化的发展贡献甚大。

佛教最早传入中国的时间，古代常认为是东汉明帝永平十年（67）。而据20世纪学者考证，较为可靠的说法是（不迟于）公元前2年（汉哀帝元寿元年），大月氏使者口授佛经："《浮屠经》云其国王生浮屠。浮屠，太子也。……及生，从母左胁出，生而有结，堕地能行七步。此国在天竺城中。天竺又有神人，名沙律。昔汉哀帝元寿元年，博士弟子景卢受大月氏王使伊存口受《浮屠经》。……比丘、晨门，皆弟子号也。《浮屠》所载与中国《老子》经相出入。"（《三国志》裴松之注引《魏略·西戎传》）

佛教进入中国后，初期影响甚微，甚至被误解为是一种方术，后来陆续有高僧来中国，释译经书渐多，才逐步昌明。自东汉后期至南北朝，佛教发展迅速，出现了一批对中国佛教贡献巨大的高僧和译师，也有大量经书刊行流传，如《安般守意经》《般若经》《楞严经》《维摩诘经》《涅槃经》《阿弥陀经》《无量寿经》《楞伽经》《华严经》《法华经》《中论》《金刚经》《俱舍论》《大乘唯识论》，等等。

南北朝时的佛教已有广泛影响。"南朝四百八十寺，多少楼台烟雨中。"仅梁武帝的都城建康（今南京）就有佛刹数百，僧人数万。梁武帝还曾亲率数万僧俗发愿归佛。

佛教自建立以来一直推崇用香，把香看作修道的助缘。释迦牟尼住世之时，就曾多次阐述过香的重要价值，弟子们也以香为供养。

佛教的香用途广泛，既被视为最重要的供养之物，又用于调和身心，在诵经、打坐等功课中辅助修持。化病疗疾的"药香"向来是佛医的一个重要组成部分，其功用甚广，可除污去秽，预防瘟疫，也有专门的香方对治各种病症。佛教也常借香来讲述佛法，如大势至菩萨的"香光庄严"，香严童子闻香证道，六祖慧能的"五分法身香"，等等。

佛教的香种类丰富，有单品香，也有多种香药配制的和香。还曾有《龙树菩萨和香法》，惜佚。所用的香药品种齐全，几乎涵盖了所有常用香药，如沉香、檀香、龙脑香、安息香、藿香、甘松，等等。有熏烧用的"烧香"，涂敷用的"涂香"，香药浸制的香水、香汤、香泥、香粉，等等。

志怪小说中的香：《拾遗记》

六朝时期流传的一些志怪书中有很多关于香的故事，其多有夸饰想象的成分，富有神异色彩，但对当时的用香状况也有所折射，如《述异记》《搜神记》《拾遗记》《洞冥记》，等等。

《拾遗记》，又名《王子年拾遗记》，《文心雕龙》谓之："事丰奇伟，辞富膏腴。"撰者王嘉（字子年），史载有方术，常隐居，不与世人交，前秦苻坚屡次征召不起，终为后秦姚苌所杀。其书记事自远古至晋末，叙述传说、神话、奇闻，也记各大名山，许多故事成为后世传奇小说的蓝本，"历代词人取材不竭"。

如书中记孙亮故事：孙权之子孙亮曾有琉璃屏风，晶莹剔透，孙亮宠爱的4个美人朝姝、丽居、洛珍、洁华皆为"振古绝色"，且有美妙的香气。孙亮常在月下将4人围在屏风中，合其香而赏之，其香气特殊，异国名香也有所不及，沾衣则愈久愈香，且百洗不退，故名"百濯香"。或以人名称之：朝姝香、丽居香、洛珍香、洁华香。孙亮之居室也名为"思香媚寝"。

书中记石崇豪奢之事：石崇令数十侍女着玉佩金钗在家中"常舞"，昼夜不断，且口中"各含异香"，"行而语笑，则口气从风而扬"，还以沉香粉撒于床上，体轻而能不留脚印者得赏。

书中也有以先秦两汉为背景的故事，如东汉的"茵墀香"与"流香渠"："西域所献茵墀香，煮以为汤，宫人以之浴浣……余汁入渠，名曰流香渠。"

另有燕昭王的"荃芜之香"，轩辕黄帝的"沉榆之香"，等等。（可参见本章"先秦"部分）

香具·青瓷

这一时期的熏炉，就造型而言，一般形制较大；无炉盖，或带有隆起的炉盖（有提纽）；常带有承盘或基座（可盛水，便于熏衣）；炉腹及炉盖开有较多的孔洞，开孔形状有三角形、圆形等各种，孔洞数量、大小不一；多见博山炉（常有各种变化）、豆式炉等样式，也有敦式炉（整体形状近于球形）；长柄香炉（带有长长的握柄，可以持握，又称香斗）得到较多使用。

就材质而言，青瓷香具较为流行。自东汉后期至南北朝，瓷器工艺发展迅速，青瓷的烧造要求相对较低（白瓷到隋代才较为成熟），产量较大，因此价格也较低。且瓷炉不像铜炉那样容易锈蚀，使用方便。

青瓷博山炉造型简约，受材质影响，不像战国及汉代的博山炉那样制作精细，原本需精细刻画的仙人、灵兽等常被简化或省略，山峦和云气则得到强调。不过，利用青瓷的模印、刻画、堆贴、雕镂、釉彩变化等装饰手法，炉具的造型、色彩也很丰富。

佛教艺术对香具的造型也有很多影响。许多青瓷博山炉的云气造型采用了佛教风格的尖锥状、火焰状，装饰纹样也多有莲花纹和忍冬纹。长柄香炉在佛教中也多有使用。

南北朝·青瓷博山炉

咏香诗赋：燎熏炉兮炳明烛

魏晋南北朝是一个文化多元、思想自由的时代，文学领域也空前繁荣。进入了"自觉时代"的魏晋文学不再一味强调训勉功能，而是注重作者的情感表达与审美追求，由此形成了文学史上的重要转折。整个上层社会也形成了推重文学的风气，许多帝室成员热衷于文学创作或文学批评，如南朝的萧衍、萧统、萧纲、萧绎。这一时期的"香"也走进了文人士大夫的生活。文人们除了熏香、用香，还参与制香，撰写了制香的专著，如范晔的《和香方》，并且创作了一批优秀的咏香的"六朝文章"。较之东汉，六朝的咏香作品数量显著增多且内容丰富：或抒发熏香的情致，或描写熏炉、熏笼等香具，或写迷迭香、芸香等植物，字里行间无不透露着对香的喜爱，它们托物言志，寄予情思，具有很高的艺术水准。可以说，此时无论是香草、香药、香炉，还是佩香、焚香、制香，"香"都以"文"的形式步入了文化的殿堂。香使文人的生活更加多彩，而文人的妙悟与情思也使香的内涵更为丰厚了。

六朝文人大多出身士族，生活优越，或本人就有较高的官职，虽然文人群体还不如唐宋时期那样庞大，熏香也只是流行于部分文人之中，但"香"显然已经成为许多人共同关注的主题。许多文坛名家都有咏香作品或涉及香的诗句，例如：

曹植《妾薄命》："御巾裹粉君傍，中有霍纳都梁。鸡舌五味杂香。"《洛神赋》："践椒途之郁烈，步蘅薄而流芳。"

曹丕有《迷迭赋》，曹植有《迷迭香赋》。

傅玄《西长安行》："香亦不可烧，环亦不可沉。香烧日有歇，环沉日自深。"

傅咸《芸香赋》："携昵友以消摇兮，览伟草之敷英。"

江淹《别赋》："同琼佩之晨照，共金炉之夕香。"

鲍照《芜城赋》："吴、蔡、齐、秦之声，鱼龙爵马之玩。皆熏歇烬灭，

光沉响绝。"

刘绘《咏博山香炉诗》："蔽亏千种树，出没万重山。上镂秦王子，驾鹤乘紫烟。……寒虫悲夜室，秋云没晓天。"

沈约《和刘雍州绘博山香炉》："百和清夜吐，兰烟四面充。"

吴均《行路难》："博山炉中百和香，郁金苏合及都梁。"

王筠《行路难》："已缫一茧催衣缕，复捣百和裛衣香。"

昭明太子萧统《铜博山香炉赋》："禀至精之纯质，产灵岳之幽深。……畔松柏之火，焚兰麝之芳。荧荧内曜，芬芬外扬。"

萧绎《香炉铭》："苏合氤氲，非烟若云，时秋更薄，乍聚还分。火微难尽，风长易闻，孰云道力，慈悲所薰。"

沈满愿《竹火笼》："剖出楚山筠，织成湘水纹。寒销九微火，香传百和熏。……徒悲今丽质，岂念昔凌云。"

傅缔《博山香炉赋》："器象南山，香传西国。丁谖巧铸，兼资匠刻。……随风本胜千酿酒，散馥还如一硕人。"

最富生活情趣的或许是谢惠连《雪赋》的"围炉熏香"："携佳人兮披重幄，援绮衾兮坐芳褥。燎薰炉兮炳明烛，酌桂酒兮扬清曲。"雪夜暖帐，美酒佳人，剪灯夜话，情致盎然。

文人笔下的香，没有熏衣、熏被的具体功用，也少了敬天奉神的庄重，却多了几分特殊的美妙与亲切。

"江雨霏霏江草齐，六朝如梦鸟空啼。无情最是台城柳，依旧烟笼十里堤。"（韦庄《台城》）千百年来，魏晋南北朝人的才情与智慧令世人感慨、怀恋。或许，在人们的种种追忆中也可以再添一缕飘渺的幽香。

4. 盛世流芳：完备于隋唐

隋的统一结束了南北朝分裂的局面，入唐之后，国泰民安，社会日益富庶，国家空前强盛。在这种良好的环境中，唐代的香文化在各个方面都获得了长足的发展。这一时期的香已进入了精细化、系统化的阶段，香品的种类更为丰富，香的制作与使用也更为考究。用香成为唐代礼制的一项重要内容，政务场所也要设炉熏香。整个文人阶层普遍用香，出现了数量众多的咏香诗文。香具造型趋于轻型化，更适于日常使用，也多有制作精良的高档香具。那些美妙的香，精美绝伦的香炉，无处不在的香烟和动人心怀的诗句，也从一个独特的视角渲染了大唐盛世的万千气象。

香药之充足

隋唐时期强盛的国力和发达的陆海交通使国内香药的流通和域外香药的输入都更为便利。

香药已成为唐时许多州郡的重要特产，如忻州定襄郡产"麝香"，台州临海郡及潮州潮阳郡产"甲香"，永州零陵郡产"零陵香"，广州南海郡产"沈香、甲香、詹糖香"。（《新唐书·地理志》）

陆上丝绸之路与海上丝绸之路是域外香药入唐的主要通道。虽然"安史

唐·忍冬花结五足银熏炉

之乱"阻塞了陆上丝绸之路，但南方的海上丝绸之路在唐代中期发展迅速并空前繁荣，大量香药得以经海路入唐。如《唐大和上东征传》载：天宝年间，广州"江中有婆罗门、波斯、昆仑等舶，不知其数。并载香药珍宝，积载如山，舶深六七丈"。

唐代与大食、波斯的往来更为密切，"住唐"的阿拉伯商人对香药输入也有很大贡献。汉晋时已有许多西域商人来中国，唐时数量更多。许多大食、波斯商人长期留居中国，足迹遍及长安、洛阳、开封、广州、泉州、扬州、杭州各地，香药是他们最重要的经营内容，包括檀香、龙脑香、乳香、没药、胡椒、丁香、沉香、木香、安息香、苏合香，等等。撰写《海药本草》（记载了很多域外香药）的李珣就是久居四川的波斯人后裔，其祖父及兄弟即经营香药。

香药也是许多国家赠予唐廷的重要贡品，如：

唐太宗贞观年间（627—649），乌苌国（巴基斯坦境内）"遣使献龙脑香"（《太平御览》）。

贞观十五年（641），中天竺国（印度境内）"献火珠及郁金香、菩提树"，其国"有旃檀、郁金诸香。通于大秦，故其宝物或至扶南、交趾贸易焉"。（《旧唐书·西戎传》）

贞观二十一年（647），堕婆登国（印度尼西亚爪哇、苏门答腊一带）"献古贝、象牙、白檀，太宗玺书报之，并赐以杂物"，其国葬仪，"以金钏贯

于四肢，然后加以婆律膏及龙脑等香，积柴以燔之"。(《旧唐书·南蛮、西南蛮传》)

宪宗元和十年(815)，诃陵国(印度尼西亚爪哇)"献僧祇僮及五色鹦鹉、频伽鸟并异香名宝"(《旧唐书·宪宗本纪》)。

域外的高档香药，最迟进入中国的可能是龙涎香(龙涎香来自抹香鲸消化道的分泌物，其形成时间漫长，多在海边拾取，稀少珍贵)。该香似未见于魏晋文献。晚唐的《酉阳杂俎》则出现了对龙涎香的较早记载："拨拨力国，在西南海中，不食五谷，食肉而已。……土地唯有象牙及阿末香。""阿末香"为阿拉伯语龙涎香的音译(发音近似 *ambar*)，"拨拨力国"盖指东非索马里的柏培拉(*Berbera*)。唐朝时的中国海船和商人常至东非及阿拉伯地区，此海域也是龙涎香的重要产地，龙涎香有可能那时已传入中国。对龙涎香较为详细的记载则始于宋代。

礼制之香·朝堂熏香·科举考场焚香

在唐代的宫廷礼制中，用香已是一项重要内容。

皇室的丧葬奠礼要焚香，如颜真卿《大唐元陵仪注》载："皇帝受醴齐，跪奠于馔前……内谒者帅中官设香案于座前，伞扇侍奉如仪。"(《通典·丧制》引)

自唐玄宗天宝八载(749)，祭祖也要用香。玄宗诏书曰："禘祫之礼，以存序位，质文之变，盖取随时。……以后每缘禘祫，其常享无废，享以素馔，三焚香以代三献。"(《通典·禘祫》)宪宗的奠礼，也曾用香药代替鱼肉作供品。

庄重的政务场所要焚香，如唐代朝堂要设熏炉、香案。

朝日，殿上设黼扆、蹑席、熏炉、香案。御史大夫领属官至殿西庑，从官朱衣传呼，促百官就班，文武列于两观。……宰相、两

省官对班于香案前,百官班于殿庭左右……每班,尚书省官为首。(《新
唐书·仪卫志》)

贾至诗《早朝大明宫》有:"剑佩声随玉墀步,衣冠身染御炉香。"杜
甫和诗有:"朝罢香烟携满袖,诗成珠玉在挥毫。"王维和诗有:"日色才
临仙掌动,香烟欲傍衮龙浮。"这些诗描写的就是唐代的朝堂熏香:殿上香
烟缭绕,百官朝拜,衣衫染香。

唐朝宫中香药、焚香诸事由尚舍局、尚药局掌管。尚舍局"掌殿庭祭祀张设、
汤沐、灯烛、汛扫","大朝会,设黼扆,施蹋席、薰炉"。(《新唐书·
百官志》)安葬宪宗时,穆宗曾有诏书:"鱼肉肥鲜,恐致薰秽,宜令尚药
局以香药代食。"(《旧唐书·穆宗本纪》)

唐时进士考场也要焚香。"礼部贡院试进士日,设香案于阶前,主司
与举人对拜,此唐故事也。所坐设位供张甚盛,有司具茶汤饮浆。"(《梦
溪笔谈》)这一传统也延续到宋代,欧阳修曾有诗《礼部贡院阅进士就试》:
"紫案焚香暖吹轻,广庭清晓席群英。无哗战士衔枚勇,下笔春蚕食叶声。"
另有"焚香答进士,撤幕待经生"。"进士科"考试重于思,对举人考生
礼遇有加,考场不仅焚香,还有茶饮;而"明经科"(学究科)考试重于
熟记,故对考生(经生)约束甚严,考场撤帐幕、毡席、茶饮等杂物,防
作弊。

法门寺的香具

唐朝历代帝室大都信佛且十分虔诚,佛事中不仅用香,还专门制作供佛
的香具。史籍虽对唐代用香有较多记载,但近世考古所见唐代香具之精美仍
超出了人们的预料。

1981年,陕西省扶风县法门寺建于明万历年间的十三层砖塔忽然半壁
坍塌。1987年,从塔基下唐代封存的地宫中发掘出大量珍贵文物(唐帝室

供佛器物），包括在佛教界地位至高无上的真身佛指舍利（堪称国之重宝，后曾作为佛教圣物迎至泰国和中国台湾地区敬奉）、精致的金银器、璀璨的珠宝玉石、秘色瓷、来自域外的玻璃器皿，等等。其中亦有多件极为精美的金银香具，如"鎏金卧龟莲花纹五足朵带银熏炉"及银炉台、"鎏金象首金刚镂孔五足朵带铜香炉"、银长柄香炉、鎏金银熏球、银香案、银香匙，等等。

鎏金卧龟莲花纹五足朵带银熏炉（铭文记"银金花香炉"）为唐懿宗所供，形制高大，雍容华贵，玲珑精丽，施以錾刻、钣金、鎏金、铆接等多种工艺。高度和直径都近 30 厘米，炉盖隆起如佛塔穹顶，另有 10 厘米高的宽阔炉台，底面有"文思院造"等錾文。文思院是中唐后设立的宫廷作坊，所作器物也常赐赠外宾及功臣。

此次出土的银熏球也使学者们确证了唐代的熏球曾称为"香囊"。史载唐玄宗于安史之乱中被迫赐死杨贵妃并将其匆忙掩埋，平乱后令人将其改葬。众人开启墓葬后见其肌骨已坏，唯有"香囊仍在"，便带回宫中，明皇"视之凄惋"。（《旧唐书·杨贵妃传》）对此很多学者

唐·鎏金卧龟莲花纹五足朵带银熏炉

唐·鎏金双蛾纹银熏球

感到不解，织物所制的香囊何以没有腐坏呢？据法门寺地宫同时出土的器物名册石碑《监送真身使随真身供养道具及金银宝器衣物帐》，将现在所称的"熏球"记为"香囊"，由此可知，杨玉环的"香囊"实为金属制成的熏球。"熏球"之称"香囊"，亦见于唐诗，如王建："香囊火死香气少，向帷合眼何时晓。"白居易："铁檠移灯背，银囊带火悬。深藏晓兰焰，暗贮宿香烟。"

法门寺与隋唐帝室渊源深厚。唐代的法门寺经多次扩建后也成为历史上规模最大、僧侣与宗派最多的皇家寺院。太宗时为修缮宝塔而开启地宫，发现佛指舍利，遂供于寺内。此后两百余年间，伴随"（地宫）三十年一开，开则岁谷稔而兵戈息"的传说，先后有高宗、武后、中宗、肃宗、德宗、宪宗、懿宗、僖宗八位皇帝六次开启（再封存）地宫，迎送佛骨，供养于洛阳或长安的皇宫（及京城佛寺），送还法门寺时亦

唐·银长柄香炉

供养各式珍宝。迎送佛骨也是当时的一大盛典。懿宗时的第六次也是最后一次迎奉佛骨规模空前浩大，从长安到法门寺，车马绵延两百里，昼夜不绝。懿宗亲至城楼顶礼迎拜，百官士庶沿街迎候，长安城万人空巷。

唐·银香案

香品的丰富与精良·《千金方》

随着众多文人、医师、佛道人士的参与，唐代的香品在制作和使用上都进入了一个精细化、系统化的阶段。

此时香品的种类更加丰富，用途更为广泛，功用的划分更为明确。同一用途的香也有多种不同的配方和制法，其功用相近却又各具风格。仅孙思邈《千金要方》所记熏衣香方就有五首，其方一（香丸，熏烧）："零陵香、丁香、青桂皮、青木香……各二两，沈水香五两……麝香半两。上十八味，末之，蜜二升半，煮肥枣四十枚，令烂熟，以手痛搦，令烂如粥，以生布绞去滓，用和香，干湿如捼粆，捣五百杵成丸，密封七日乃用之。"

直接夹放在衣物中的裛衣香方也有三首，其方一（香粉）：以"藿香、零陵香各四两……丁子香一两、苜蓿香二两"捣碾，加入泽兰叶，粗筛，"用之，极美"。

该时期已注重从香、形、烟、火等多个方面提高香的品质。如《千金翼方》卷五言及熏衣香丸的制作：香粉需粗细适中，燥湿适度，香药应单独粉碎，"燥湿必须调适，不得过度，太燥则难丸，太湿则难烧，湿则香气不发，燥则烟

多，烟多则惟有焦臭，无复芬芳，是故香，须复粗细燥湿合度，蜜与香相称，火又须微，使香与绿烟而共尽"。

唐代熏烧类香品，就形态而言，多为香丸、香饼、香粉、香膏等，它们常借助炭火熏烧，可称为"不能独立燃烧的和香"。此外，据初步考察，唐代中后期(约公元800年之后)可能已使用无须借助炭火的"独立燃烧的和香"："印香"和"早期的线香（香炷）"。

"印香"系将香粉萦绕成"连笔"的图案或篆字，常使用专门的模具框范而成。"印"盖指香粉回环的形状如印章所用的一种篆字，点燃后可顺序燃尽，也称篆香，可视为"盘香"的原形。王建有《香印》诗："闲坐烧印香，满户松柏气。火尽转分明，青苔碑上字。"白居易有"香印朝烟细，纱灯夕焰明"诗句。李煜："绿窗冷静芳音断，香印成灰。可奈情怀，欲睡朦胧入梦来。"

也有较粗的直线形的香，但一般较短，称为"香炷"，可视为"早期的线香"。如李商隐《无题》有"一寸相思一寸灰"，《哀筝》有"何由问香炷，翠幕自黄昏"，陆龟蒙《华阳巾》有"静焚香炷礼寒星"。早期的线香虽多直立焚烧，但也常"水平"卧于香灰上燃烧，所以也可使用带盖的熏炉。其制法尚待考察，可能是"搓捻""滚辗"而成。宋初常以模具压制线香（也较粗），唐代或许已有类似的方法。南北朝时可能已有"香炷"，何楫诗《班婕好怨》有"独卧销香炷，长啼费锦巾"的诗句。

另有一种"香兽"，以炭为主，香药所占比例较小。与"印香"不同，其主要作炭用，并非一种香品。香兽源于"兽炭"，是以木炭粉或煤炭粉及各种辅料合成动物形的炭块；加入香药则为"香兽"，如孙棨："寒绣衣裳饷阿娇，新团香兽不禁烧。"李煜："红日已高三丈透，金炉次第添香兽。"兽形熏炉常称"金兽"，鸭形熏炉则称"香鸭""金鸭"等。如徐寅有《香鸭》一诗："不假陶熔妙，谁教羽翼全。五金池畔质，百和口中烟。"不过，古诗词中的"香鸭""香兽"有时也指以香粉、炭粉制成的可以点燃的动物形熏香。

唐代还有一种精巧的"熏"香方法，"隔火"熏香：不直接点燃香品，而是用木炭或炭饼（用炭粉等多种材料合成）作热源，在炭火与所熏香品之间再"隔"上一层传热的薄片（云母片、银片、瓷片等），用炭火慢慢"熏"烤香品，可减小烟气，使香气散发更为舒缓。如李商隐《烧香曲》有"兽焰微红隔云母"。

佩戴·含服·养颜

隋唐时期有很多佩戴、口含、内服、涂敷的香品，如香丸、香粉、脂膏等。

著名中药"苏合香丸"即源于唐代的一种可以内服兼佩戴的香丸"吃力迦丸"（白术丸）。唐代医方注明，此香丸可防治瘟疫"传尸骨蒸"，还可治"卒心痛，霍乱吐利，时气鬼魅瘴疟"等症，使用时需研破内服，还要用蜡纸包裹香丸，放入红色织袋，佩戴在胸前，以此祛辟病邪，"蜡纸裹，绯袋盛，当心带之"，一切邪鬼不敢近。这种香丸的制作也很考究，几乎使用了所有重要香药，如麝香、香附子、沉香、青木香、丁子香、安息香、白檀香、熏陆香（乳香）、苏合香、龙脑香，等等，并且在和制香丸时还有特殊的讲究，"忌生血肉，腊月合之，有神藏于密器中，勿令泄气，出秘之，忌生血物，桃、李、雀肉、青鱼、酢等"。（《外台秘要》引《广济方》）

唐代有很多用以香口的含在口中的香丸可说是古代的口香糖。如"五香圆"，以丁香、藿香、零陵香、青木香、香附子、甘松香等11味药制成蜜丸，"常含一丸，如大豆许，咽汁"，可令"口香""体香"，治口臭、身臭，"止烦散气"。（《千金要方》）

传说唐明皇与杨贵妃还曾用过一种助情香丸。安禄山"进助情花香百粒，大小如粳米，而色红。每当寝（处）之际，则含香一粒，助情发兴，筋力不倦"。（《开元天宝遗事》）

也有内服的用以香身、香口的香粉或汤剂。如《千金要方》载，用瓜子仁、芎䓖、藁本、当归、杜蘅、细辛、防风等制成香粉，饮服，可令"口香、身香、肉香"。用甘草、白芷、芎䓖等制为粉末，以酒服，可香口。

养颜美容的香品更是种类繁多，如口脂、面脂、手膏、澡豆、香露、香粉，等等。李峤《谢腊日赐腊脂口脂表》："糅之以辛夷甲煎，燃之以桂火兰苏。"这些香品用料考究，制作精良，可谓流香溢彩。

唐代有腊日赐脂药的制度。腊八时，皇帝要向大臣、公主、后妃等赐送口脂、面药、香药、新历等物，如杜甫诗《腊日》："口脂面药随恩泽，翠管银罂下九霄。""罂"是小口鼓腹的容器。刘禹锡代作《谢历日面脂口脂表》云："赐臣……腊日面脂、口脂、红雪、紫雪并金花银合二"，"雕奁既开，珍药斯见。膏凝雪莹，含液腾芳。顿光蒲柳之容，永去疠疵之患"。"红雪""紫雪"也是美容脂膏，可祛斑。

香药用于医疗

六朝时期，边陲和域外传入的香药尤其是树脂类香药主要用于制作香品，药用相对较少。唐代时，绝大多数的香药都已成为常用的或重要的中药材。《名医别录》《本草经集注》等前代典籍未收录的香药也陆续补入了本草著作，如高宗时的《唐本草》收载了龙脑香、安息香、枫香；唐中期的《本草拾遗》收载了樟脑、益智；唐末五代时的《海药本草》收载了降真香。至此，除龙涎香等少数品种，传统香所用的主要香药都已收入本草典籍，这也标志了此时对香药的特性有了系统的了解。

《海药本草》集中收录了产于西亚、南亚、东南亚等地或从海外引种于南方的药材，其中包括很多香药。撰者李珣，祖父为波斯人，生于四川，家中世代经营香药。李珣既通医学，也是唐末五代时较有影响的词人，亦有咏香诗词，如："带香游女偎伴笑，争窈窕，竞折团荷遮晚照。"

　　香药用于医疗养生，大致有两类方式：其一，以"香品"的形式出现，既可添香，又可养生祛病。由于传统香的制作在用料、配方、炮制等很多方面都与中医相通，因此，绝大多数的传统香都有不同程度的养生功效，所以这一类治病的香与普通的熏香没有明显的界线。其二，以"药品"的形式出现，将香药当作药材来使用，主要是取其"药"性，达到借芳香之气以开窍的目的。

　　无论是作为香品还是药品，香药在唐代医学中都有广泛的应用，有熏烧、内服、口含、佩戴、涂敷、熏蒸、洗浴等各种用法，《千金要方》《千金翼方》《广济方》《外台秘要》等医书都有丰富的记载。就"香品"而言，有各种配方的香丸、香粉、脂膏、澡豆、香汤等；可熏衣、祛秽、消毒、护肤、祛斑、治皮肤病、治腋臭、治口臭，等等。就"药品"而言，使用香药的医方更是数不胜数，如治"心腹鼓胀"等症的"五香丸"（又名沉香丸，用沉香、青木香、丁香、麝香、乳香等合成），治"风热毒肿"等症的"五香连翘汤"，治邪气郁结的"五香散"，等等。

　　唐代医家对香药与香品的重视，与当时推重养生、养性的社会风气有很大关系。如孙思邈《千金方》言："夫养性者，欲所习以成性。性自为善，不习无不利也。性既自善，内外百病自然不生，祸乱灾害，亦无由作，此养性之大经也。""德行不充，纵服玉液金丹，未能延寿，故老子曰：善摄生者，陆行不遇虎兕。此则道德之祐也。"

　　孙思邈修道，亦通佛理，倡导"养性"为养生祛病之本。其名著《千金要方》《千金翼方》中不仅有大量医方使用了香药，还有品类繁多的香品，如熏衣香（熏烧或直接夹放在衣物中），香身、香口的丸散（内服、佩戴或口含），面脂手膏（涂敷、浸泡），等等。其中有很多是深藏宫禁的宫廷秘方，也随其著作的出版传播到民间，造福于百姓。

　　《千金翼方》"妇人面药"一节言："面脂手膏，衣香澡豆，仕人贵胜，皆是所要，然今之医门极为秘惜，不许子弟泄漏一法，至于父子之间亦不传示。

然圣人立法，欲使家家悉解，人人自知。岂使愚于天下，令至道不行？拥蔽圣人之意，甚可怪也。"王建亦有诗记之："供御香方加减频，水沉山麝每回新。内中不许相传出，已被医家写与人。"

孙思邈在《千金要方》中还有"论大医精诚"的名言："凡大医治病，必当安神定志，无欲无求，先发大慈恻隐之心，誓愿普救含灵之苦。若有疾厄来求救者，不得问其贵贱贫富，长幼妍蚩，怨亲善友，华夷愚智，普同一等，皆如至亲之想。亦不得瞻前顾后，自虑吉凶，护惜身命。见彼苦恼，若己有之，深心凄怆，勿避险巇、昼夜、寒暑、饥渴、疲劳，一心赴救，无作功夫形迹之心。如此可为苍生大医。"

鉴真东渡

约在3世纪时，佛教从中国传入朝鲜，南北朝时又从朝鲜传入日本。至初唐，日本的佛教已十分兴盛。

玄宗时，日本佛教领袖向政府提出，期望聘请唐高僧传法，后有日本遣唐使来华，至扬州谒请鉴真大师赴日。鉴真五次东渡受阻，但道心不移，终在第六次东渡成功，于天宝十三载（754）抵达日本首都奈良。

鉴真同时带去了大量佛经、医书及香药等物，对后来日本香道的形成与发展有重要贡献。鉴真历次东渡都带有大量药材和香药，如天宝二载（743），除法器等物，还带有"麝香二十脐，沈香、甲香、甘松香、龙脑香、胆唐香、安息香、栈香、零陵香、青木香、熏陆香都有六百余斤，又有毕钵、呵梨勒、胡椒、阿魏、石蜜、蔗糖等五百余斤，蜂蜜十斛，甘蔗八十束"。天宝七载（748），"造舟，买香药，备办百物，一如天宝二载所备"。（《唐大和上东征传》）据学者考证，今奈良东大寺所藏的数十种药材即由鉴真亲自带到日本或是在鉴真时代运至日本。

鉴真赴日之前，中医的知识与典籍已传入日本，但他们依然缺乏经验，药方中也有许多讹误，鉴真为其一一矫正，并将炮制、配伍知识倾囊相授。14 世纪之前，鉴真　直被日本医道奉为"医药始祖"。鉴真大师居口十年，圆寂于奈良唐招提寺，该寺至今奉有鉴真坐像，是日本最早的等身塑像，也是艺术史上的一件重宝。

宫庭用香侈丽

隋唐时期国力雄厚，香药充足，王公贵族用香的数量和品级都远超前代，也常有以香药涂刷建筑、搭建屋宇、涂布地面等"侈丽"之举。

《隋书·秦孝王俊传》载：隋文帝之子杨俊"盛治宫室，穷极侈丽"，用香药涂刷殿阁，置"水殿，香涂粉壁，玉砌金阶，梁柱楣栋之间，周以明镜，间以宝珠，极荣饰之美。每与宾客妓女，弦歌于其上"。

《旧唐书·宣宗本纪》载，宣宗之前，皇帝的行道常要铺撒香药，"人主所行"，"先以龙脑、郁金藉地"。

《旧唐书·敬宗本纪》载：敬宗时，波斯商人李苏沙进献"沉香亭子材"，拾遗李汉进谏，"沉香为亭子"，实为奢侈，"不异瑶台、琼室"。

对隋唐官贵用香之豪奢，历史上也有许多传说。隋炀帝杨广常于除夕在殿前庭院中"设火山数十，尽沉香木根也，每一山焚沉香数车。火光暗，则以甲煎沃之"，火焰高达数丈，香气远闻，"一夜之中，则用沉香二百余乘，甲煎二百石"。（《太平广记》卷二三六引《纪闻》）李商隐有诗《隋宫守岁》言之："沉香甲煎为庭燎，玉液琼苏作寿杯。"

唐玄宗曾在华清宫以香木搭建仙山："尝于宫中置长汤数十间"，"为银镂漆船及白香木船，置于其中"，"汤中累瑟瑟及沈香为山，以状瀛洲、方丈"。（《明皇杂录》）

权倾朝野的杨国忠宅中有"四香阁"，"沉香为阁，檀香为栏"，以"麝香、乳香"和泥涂壁，比宫中的沉香亭还要华美。宅中冬日取暖，要用炭粉和蜂蜜"捏

塑成双凤"作炭，还要"以白檀木铺于炉底"。(《开元天宝遗事》)

香具

与前代相比，隋唐香具的造型呈现出"轻型化"的特点，这可能与当时多用树脂类香药及和香有关。博山炉、敦式炉等较为"厚重"的熏炉数量减少，绝大多数的熏炉不再带有承盘。多见圈足炉及足部较高的四足、五足炉；佛教风格的熏炉；"佛塔式炉"，炉盖模拟佛塔穹顶，常为五足或高圈足；博山炉也多有宝珠、花卉等纹饰，炉身常有莲花造型；也多见鼎式炉(三足)、高足杯炉等样式。

香具的材质以瓷器为主，有青瓷、白瓷、彩瓷、釉上彩、纹瓷等多种，色彩、文饰丰富。出现了许多器形华美的金、银、鎏金银、白铜香具，常以锤击、浇铸成型，再施以切削、抛光、焊接、铆、镀、刻凿等工艺。

熏球得到广泛流行。此时多有雕镂精美的银、铜熏球，可外出时携带，也可悬挂于室内，或放在被褥间暖被熏香。

长柄香炉如柄炉、香斗在佛教中有较多使用。这种香炉带有较长的握柄，可在站立或出行时托握使用，佛教还有双手托炉(或叩拜)以示恭敬的礼仪。敦煌壁画《引路菩萨图》中的引路菩萨即右手执香烟缭绕的长柄香炉，左手执莲花，

唐·越窑如意云纹佛塔式炉

引领往生者去向西方净土。

咏香诗文：盛气光引炉烟

唐代的文人普遍用香，也有很多人喜香、爱香。杜甫："雷声忽送千峰雨，花气浑如百和香。"白居易："春芽细炷千灯焰，夏蕊浓焚百和香。"皆以"香"喻"花"，亦见唐代文人对香的熟悉。"百和香"指用"百草之花"配成的一种熏香，一说是以"各种香药"配成，传说汉武帝"焚百和之香"迎西王母。

绝大多数的唐代文人都有咏香诗作或有诗句涉及香，许多人的咏香作品相当多，如王维、杜甫、李商隐、刘禹锡、李贺、温庭筠，等等。在此摘引一二共赏：

王维："夙承大导师，焚香此瞻仰。""暝宿长林下，焚香卧瑶席。""少儿多送酒，小玉更焚香。""藉草饭松屑，焚香看道书。""日色才临仙掌动，香烟欲傍衮龙浮。""何幸含香奉至尊，多惭未报主人恩。""藤花欲暗藏猱子，柏叶初齐养麝香。"

杜甫："龙武新军深驻辇，芙蓉别殿谩焚香。""宫草微微承委佩，炉烟细细驻游丝。""麒麟不动炉烟上，孔雀徐开扇影还。""香飘合殿春风转，花覆千官淑景移。""朝罢香烟携满袖，

唐·蟠龙博山炉

诗成珠玉在挥毫。"

李白："盛气光引炉烟，素草寒生玉佩。""横垂宝幄同心结，半拂琼筵苏合香。""香亦竟不灭，人亦竟不来。相思黄叶尽，白露湿青苔。""焚香入兰台，起草多芳言。""玉帐鸳鸯喷兰麝，时落银灯香炧。"

白居易："闲吟四句偈，静对一炉香。""烧香卷幕坐，风燕双双飞。""对秉鹅毛笔，俱含鸡舌香。""从容香烟下，同侍白玉墀。""红颜未老恩先断，斜倚薰笼坐到明。"

刘禹锡："博山炯炯吐香雾，红烛引至更衣处。""妆奁虫网厚如茧，博山炉侧倾寒灰。""博山炉中香自灭，镜奁尘暗同心结。"

李贺："练香熏宋鹊，寻箭踏卢龙。""断烬遗香袅翠烟，烛骑啼鸣上天去。"

杜牧："桂席尘瑶佩，琼炉烬水沉。"

温庭筠："凤帐鸳被徒熏，寂寞花锁千门。""捣麝成尘香不灭，拗莲作寸丝难绝。""香兔抱微烟，重鳞叠轻扇。""香作穗，蜡成泪，还似两人心意。""水精帘里颇黎枕，暖香惹梦鸳鸯锦。"

李商隐："八蚕茧绵小分炷，兽焰微红隔云母。""金蟾啮锁烧香入，玉虎牵丝汲井回。""春心莫共花争发，一寸相思一寸灰。""谢郎衣袖初翻雪，荀令熏炉更换香。"

罗隐："沈水良材食柏珍，博山炉暖玉楼春。怜君亦是无端物，贪作馨香忘却身。"

陆龟蒙："须是古坛秋霁后，静焚香炷礼寒星。"

5. 巷陌飘香：鼎盛于宋元

宋代奉行崇文抑武的治国方略，致使军事力量薄弱，但科技领先，文化繁荣，经济发达，是中国文化史上的又一辉煌时期，香文化也发展到了一个鼎盛阶段。这一时期的用香已遍及社会生活的方方面面，宫廷宴会、婚礼庆典、茶房酒肆等各类场所都要用香。香药进口量巨大，宋廷以香药专卖、市舶司税收等方式将香药贸易纳入国家管理并收入甚丰。文人阶层盛行用香、制香，也有很多文人从各个方面研究香药及和香之法，庞大的文人群体对整个社会产生了广泛的影响，也成为香文化发展的主导力量。

香药专卖：市舶司、香药库、御香局

北宋的造船与航海技术已十分发达，宋元时期的海上贸易极为繁荣。扬州、明州（宁波）、泉州、番禺（广州）等港口吞吐量巨大，香药是最重要的进口物品之一，包括胡椒、乳香、檀香、丁香、安息香、青木香（木香）、龙脑、苏合香、沉香、肉豆蔻，等等。还有专门运输香药的"香舶"，1974 年福建泉州发掘出的大型宋代沉船就是一艘香舶，载有龙涎香、降真香、檀香、沉香、乳香、胡椒等香药。北宋神宗熙宁十年（1077），仅广州一地所收乳香多达二十多万公斤。

北宋初年（太宗时）便在京师设榷署，负责香药专卖事宜，"诸蕃香药、宝货至广州、交阯、两浙、泉州，非出官库者，无得私相市易"。并将珊瑚、玛瑙、乳香等8种物品列为国家专卖："惟珠贝……珊瑚、玛瑙、乳香禁榷外。"（《宋史·食货下八》）

宋·牙白弦纹筒式炉

自宋初开始，朝廷相继在番禺、杭州、明州、泉州等地设市舶司，掌管海外贸易。市舶司按比例抽取进出口货物的利润，或以低价收买货物，所得物品除供官府使用，还可再行销售。市舶司所辖港口贸易兴隆，收入丰厚，也是朝廷的一项重要财政来源。宋初还曾变卖香药，解兵粮不足之困："国初，辇运香药、茶、帛、犀、象、金、银等物，赴陕西变易粮草，计率不下二百四十万贯。"（《续资治通鉴长编》卷四七一）

市舶司收入对南宋财政更为重要。南宋初年财政岁入约一千万缗，市舶司收入即达一百五十万缗（缗：成串铜钱，每串一千文）。高宗曾言："市舶之利最厚，若措置合宜，所得动以百万计，岂不胜取之于民。"（《宋会要辑稿·职官四四》）更有资料显示，南宋时期，香药的进出口额占了整个国家进出口额的四分之一，由此可见当时国人用香的繁盛。

宋朝宫中设有"香药库"，"掌出纳外国贡献及市舶香药、宝石之事"（《宋史·职官五》）。

宋·青釉夔龙耳鬲式炉

其负责官员为"香药库使",约为正四品官,还有监员及押送香药的官员。据载,宋真宗时有28个香药库(《文昌杂录》),真宗还曾赐诗库额:"每岁沉檀来远裔,累朝珠玉实皇居。今辰内府初开处,充牣尤宜史笔书。"(《石林燕语》)

元代,武宗至大元年(1308),专设"御香局",负责制作御用香品,"修合御用诸香"(《元史·百官志四》)。

文人·咏香·制香·着香

宋代文人盛行用香,生活中处处有香。写诗填词要焚香,抚琴赏花要焚香,宴客会友、独居默坐、案头枕边、灯前月下都要焚香,可谓香影相随,无处不在。黄庭坚曾言:"天资喜文事,如我有香癖。"以"香癖"自称者仅山谷一人,而爱香之宋元文人则难以计数。

宋代咏香诗文的成就也达到了历史的高峰,其数量之多令人惊叹,品质之高更使人不禁拍案称绝。很多人写香的作品有几十首乃至上百首,其中也有许多文坛名家,如晏殊、晏几道、欧阳修、苏轼、黄庭坚、辛弃疾、李清照、陆游,等等。似乎还有一个特点:愈是文坛大家,愈多写香的诗文,愈喜欢香。这些灿烂的诗文既是当时香文化的生动写照,也是中国香文化步入鼎盛时期的重要标志。以下略摘一二共赏:

欧阳修:"沈麝不烧金鸭冷,笼月照梨花。""愁肠恰似沉香篆,千回万转萦还断。"

苏轼:"金炉犹暖麝煤残,惜香更把宝钗翻。""夜香知与阿谁烧,怅望水沉烟袅。"

黄庭坚:"一炷烟中得意,九衢尘里偷闲。""隐几香一炷,灵台湛空明。"

李清照:"薄雾浓云愁永昼,瑞脑消金兽。""香冷金猊,被翻红浪,起来慵自梳头。""沉水卧时烧,香消酒未消。"

陆游:"一寸丹心幸无愧,庭空月白夜烧香。""铜炉袅袅海南沉,洗尘襟。"

辛弃疾："记得同烧此夜香，人在回廊，月在回廊。""老去逢春如病酒，唯有：茶瓯香篆小帘栊。"

蒋捷："何日归家洗客袍？银字笙调，心字香烧。流光容易把人抛，红了樱桃，绿了芭蕉。"

倪思"齐斋十乐"亦列有"焚香"："读义理书，学法帖字，澄心静坐，益友清谈，小酌半醺，浇花种竹，听琴玩鹤，焚香煎茶，登城观山，寓意弈棋。虽有他乐，吾不易矣。"

许多文人不仅焚香、用香，还收集、研制香方，采置香药，配药和香。文人雅士之间也常以自制的香品、香药及香炉等作赠物。应和酬答的诗作也常以香为题。例如：

蔡襄叹"香饼来迟"。欧阳修为感谢蔡襄书《集古录目序》，赠之茶、笔等雅物。此后又有人送欧阳修一种熏香用的炭饼"清泉香饼"，蔡襄闻之深感遗憾，以为若香饼早来，欧阳修必随茶、笔一同送来，遂有"香饼来迟"之叹。（《归田录》）

苏轼曾专门和制了一种"印香"（调配的香粉，可用模具框范成篆字形），还准备了制作印香的模具银篆盘、檀香木雕刻的观音像，送给苏辙作寿礼，并赠诗《子由生日以檀香观音像及新合印香银篆槃为寿》，该诗亦多写香，如："旃檀婆律海外芬，西山老脐柏所熏。香螺脱黡来相群，能结缥缈风中云。"苏辙六十大寿时，苏轼也曾寄用海南沉香雕刻的假山及《沉香山子赋》（写海南沉香）为其贺寿。

黄庭坚也常和制香品，寄赠友人，还曾辑宗茂深（宗炳之孙，人称小宗，南朝名士）喜用的"小宗香"香方（用沉香、苏合香、甲香、麝香等药），并为香方作跋："南阳宗少文嘉遁江湖之间，援琴作金石弄，远山皆与之同声，其文献足以配古人。孙茂深亦有祖风，当时贵人欲与之游，不得，乃使陆探微画像，挂壁观之。闻茂深闭阁焚香，作此香馈之。"（《山谷集·书小宗香》）

黄庭坚也曾以他人所赠"江南帐中香"为题作诗赠苏轼，有"百炼香螺沉水，宝熏近出江南"。苏轼和之："四句烧香偈子，随香遍满东南。不是闻思所及，且令鼻观先参。"黄庭坚复答："迎笑天香满袖，喜公新赴朝参。""一炷烟中得意，九衢尘里偷闲。"

陆游有《烧香》诗，描写自己用海南沉香、麝香、蜂蜜等和制熏香："宝熏清夜起氤氲，寂寂中庭伴月痕。小斫海沉非弄水，旋开山麝取当门。蜜房割处春方半，花露收时日未暾。安得故人同晤语，一灯相对看云屯。""当门"指麝香。

史上也流传许多文人用香的轶事，他们同是焚香，却风格各异，可谓焚出了个性，焚出了特色。

徐铉喜月下焚香。五代宋初名士徐铉爱香，亦是制香高手，常于庭院中焚烧自制的一种香，名之"伴月香"。

梅询喜熏衣。梅询（真宗时名臣）晨起先焚香熏衣，且要捏起袖口才出门，到办公处撒开衣袖，于是满室皆香。

蔡京喜欢"无火之香"。他常先在一侧房间焚香，待香味浓之后再卷起帘幕，便有香气飘来。如此则烟火气淡，亦有气势。

宋代还有许多香学专著，广涉香药性状、炮制、配方、香史等内容，如丁谓《天香传》、沈立《香谱》、洪刍《香谱》、叶廷珪《名香谱》、颜博文《香史》、陈敬《陈氏香谱》，等等，这些作者多有文人或学者背景。

洪刍是哲宗时进士（黄庭坚外甥），兄弟洪朋、洪炎、洪羽皆有文名，人称"四洪"，江西诗派成员，曾为谏议大夫。颜博文、叶廷珪亦为知名诗人或词人。

丁谓是太宗时进士，真宗宠臣，官至宰相，诗文亦为人称颂。仁宗即位后，丁谓贬海南，在崖州撰《天香传》。香也给多年客居岭南的丁谓增添了许多情趣，如文中所记："忧患之中，一无尘虑，越惟永昼晴天，长霄垂象，炉香之趣，益增其勤。"他对北苑贡茶"龙凤团茶"（使用了香药）的调制亦多有贡献。

沈立是仁宗时进士，也是古代著名水利专家，曾任两浙转运使等职，所著《河防通议》是中国最早的河工技术专著。

还有许多文人，虽无香学专著传世，但也对香及香药颇有研究，在其文章或著作的有关章节可见各种相关记述。例如，对于传统香的一种重要香药沉香（清凉性温，能调和各种香药，和香多用），宋代文人有丰富的阐述。范成大《桂海虞衡志·志香》有："沈水香，上品出海南黎峒……大抵海南香气皆清淑，如莲花、梅英、鹅梨、蜜脾之类，焚一博投许，氛翳弥室，翻之四面悉香，至煤烬气不焦，此海南香之辨也。……中州人士但用广州舶上占城、真腊等香，近年又贵丁流眉来者，余试之，乃不及海南中下品。"

苏轼《沉香山子赋》亦论海南沉香："方根尘之起灭，常颠倒其天君。每求似于仿佛，或鼻劳而妄闻。独沉水为近正，可以配薝卜而并云。矧儋崖之异产，实超然而不群。既金坚而玉润，亦鹤骨而龙筋。惟膏液而内足，故把握而兼斤。"

宫廷、祭祀焚香

与唐代相比，宋代的宫廷生活较为节俭，但用香场合甚多，包括室内熏香、熏衣、祭祀、入药等，香药品种也很多。既单用沉香、龙脑、乳香、降真香等高档香药（常在祭祀中单焚香药），也使用配方考究的和香，如徽宗宫中的"宣和御制香"，用沉香、龙脑和丁香等制成，焚香用的炭饼亦由多种原料精工制作而成。

焚香已普遍应用于宫廷的各种祭祀活动。如《邵氏闻见后录》载，仁宗庆历年间为开封旱灾祈雨，焚17斤龙脑香："仁皇帝庆历年，京师夏旱。谏官王公素乞亲行祷雨……又曰：昨即殿庭雨立百拜，焚生龙脑香十七斤，至中夜，举体尽湿。"真宗时尤崇道教，宫中道场频繁，用香甚多，"道场科醮无虚日，永昼达夕，宝香不绝，乘舆肃谒，则五上为礼。馥烈之异，非世所闻，大约以沉水乳（香）为末，龙香和剂之"（《天香传》）。

皇帝也常以香药赏赐诸臣后妃。真宗多次以香药赐张淮能："袭庆奉祀日，赐供乳香一百二十斤，在宫观，密赐新香，动以百数，由是私门之沉、乳足用。"（《天香传》）

仁宗曾于嘉祐七年（1062）十二月庚子："再幸天章阁，召两府以下观瑞物十三种。……各以金盘贮香药，分赐之。"（《邵氏闻见后录》）

据《梦溪笔谈》记载，宋真宗曾以苏合香酒赐臣下补养身体，苏合香丸也因之流行一时："王文正太尉气羸多病，真宗面赐药酒一注瓶，令空腹饮之，可以和气血、辟外邪，文正饮之大觉安健，因对称谢。上曰：'此苏合香酒也。……'"

香品制作·印香·线香

宋代香文化的繁荣有一个坚实的基础，即人们重视香的品质。和香的制作（包括炮制、配方等）水平很高，在用香及制香上也讲究心性和意境。而对于一些形式性的因素如香具的优劣、香的形态等虽有所关注，但并没有刻意追求，也没有出现攀比香药之奇、香具之珍的风气。可以说，宋代的香文化是充满灵性、富有诗意的，也是"健康""中正"的，繁盛而不浮华，考究而不雕琢。笔者认为该时期堪为中国香文化真正的高峰和代表。

宋代的香配方丰富，香气风格多姿多彩，香品的名称也常精心推敲，诗意盎然，且有许多以人名命名的香（香方出自其人，或其人喜用此香），如意和香、静深香、小宗香、四和香、藏春香、笑兰香、胜梅香、韩魏公浓梅香、李元老笑兰香、江南李主帐中香、丁苏内翰贫衙香、黄太史清真香、宣和御制香，等等。

熏香用的炭饼与香灰也很考究。炭饼（常用炭饼作热源熏烤香品，古代也称"香饼"）常用各种物料精心和制，如木炭、煤炭、淀粉、糯米、枣（带

核）、柏叶、葵菜、葵花、干茄根，等等。香灰常用杉木枝、松针、稻糠、松花、蜀葵等烧灰再罗筛。炭饼需埋入香灰焚烧，印香等也要平展在香灰上燃烧，故香灰需能透气、养火。

就香品形态而言，宋代的香除了有香炷、香丸、香粉等，还流行"印香"（香粉回环如印章所用的篆字，又称篆香）。印制香的模具常称"香印"，多以木材雕镂成各种"连笔"的图案或篆字，大小不等，"镂木以为之，以范香尘为篆文"（洪氏《香谱》）。其大致制法是：先将炉中香灰压实，在香灰上放模具（香印），再将据香方调配的香粉铺入模具，压紧，刮去多余的香粉，最后将模具提起，就得到了"印香"。从一端点燃，可顺序燃尽。印香可长时间燃烧，也可灭后再燃，且图案造型美观、多样，富有情趣，在文人中十分流行。

宋元后诗文常见"心字香"，多指形如篆字"心"的印香。杨慎《词品》："所谓心字香者，以香末萦篆成心字也。"杨万里："送以龙涎心字香，为君兴云绕明窗。"王沂孙《天香·咏龙涎香》："汛远槎风，梦深薇露，化作断魂心字。"蒋捷："何日归家洗客袍？银字笙调，心字香烧。"

印香也可用于计时。元代的郭守敬还曾用印香制出"柜香漏""屏风香漏"等计时工具。《红楼梦》第二十二回有薛宝钗出的灯谜："晓筹不用鸡人报，五夜无烦侍女添。"谜底为"更香"，即计时的印香。

据笔者初步考察，宋元时期也多用线香，它们常以模具压成。如北宋初期，苏洵（1009—1066）即有诗《香》写线香的制作过程："捣麝筛檀入范模，润分薇露合鸡苏。一丝吐出青烟细，半炷烧成玉箸粗。道士每占经次第，佳人惟验绣工夫。轩窗几席随宜用，不待高擎鹊尾炉。"

宋元以至明初的线香很可能都比较粗，形状似"箸"，常称为"箸香"，如元薛汉《和虞先生箸香》："奇芬祷精微，纤茎挺修直。炮轻雪消眽，火细萤耀夕。"

印香炉

印香

　　"线香"一词的流行应不迟于元代，至明代时已普遍使用。如元理学家李存书信《慰张主簿》："谨去线香一炷，点心粗菜，为太夫人灵几之献。"

　　《本草纲目》载，明代后期制作线香，常以"唧筒"将香泥从小孔挤出，"成条如线"。元代已多用"唧筒"（常用于汲水，负压"吸"水，类似现在的注射器），有可能也已用来制作线香。

　　自北宋至元代，线香的使用应是增长较快。线香可直接点燃，不必用炭

饼熏烤，对香炉的要求也降低。这一时期也发掘出大量形制较小、无盖或炉盖简易的香炉，可能与当时多用线香有关。

香墨·香茶

宋代的制墨工艺发展迅速，也常以麝香、丁香、龙脑等入墨（晋唐制墨已使用麝香等香药）。创"油烟制墨"法的张遇曾以油烟加龙脑、麝香制成御墨，名"龙香剂"。墨仙潘谷曾制"松梵""狻猊"等墨，它们"遇湿不败"，"香彻肌骨，磨研至尽而香不衰"，有"墨中神品"之誉。以文房用品精致闻名的金章宗还喜欢以苏合香油点烟制墨。

香药也多用于制作饮品和食品，如沉香酒、沉香水、香薷饮、紫苏饮、香糖果子等，影响最大的当是使用香药的"香茶"。宋人日常用茶，并非直接冲泡茶叶，而是先将茶叶蒸、捣、烘烤后做成体积较大的茶饼，称为"团茶"，使用时再将茶饼敲碎，碾成细末，用沸水点冲，称为"点茶"。加香的团茶不仅芳香，还有理气养生的功效。团茶所用香药有龙脑、麝香、沉香、檀香、木香等，也常加入莲心、松子、柑橙、杏仁、梅花、茉莉、木樨等。

著名的北苑贡茶"龙凤茶团"即一种香茶，其中常加入少量的麝香和龙脑，形如圆饼，有模印的龙凤图案，分"龙团"和"凤团"。"入香龙茶，每斤不过用脑子一钱，而香气久不歇，以二物相宜，故能停蓄也。"（《鸡肋编》）北宋书法家蔡襄曾改进北苑团茶工艺，以鲜嫩的茶芽制成精美的"小龙团"。普通的龙凤茶团每个重达一斤以上，而精巧的"小龙团"每个则不到一两，且每年只产十斤，价比金银。欧阳修曾言："茶之品，莫贵于龙凤。""（小龙团）其价直金二两，然金可有而茶不可得。"著《天香传》的丁谓曾任职福建，对龙凤团茶的发展也颇有贡献，龙凤团茶有"始于丁谓，成于蔡襄"

之说。

市井生活·香铺·香婆·宴会用香

在宋代的市井生活中随处可见香的身影，这也是香文化进入鼎盛时期的一个重要标志。此时街市上有"香铺""香人"，有专门制作"印香"的商家，甚至酒楼里也有随时向顾客供香的"香婆"。街头还有添加香药的各式食品和饮品，如香药脆梅、香药糖水（"浴佛水"）、香糖果子、香药木瓜，等等。

在描绘汴梁（开封）风貌的《清明上河图》中，有多处描绘了与香有关的景象，其中即可看到一香铺门前立牌上写有"刘家上色沉檀拣香"，盖指"刘家上等沉香、檀香、乳香"，拣香指上品乳香。

《清明上河图》局部

《东京梦华录》记载：在北宋汴梁，"士农工商，诸行百户"，行业着装各有规矩，香铺里的"香人"则是"顶帽披背"。（卷五《民俗》）

"日供打香印者，则管定铺席人家牌额，时节即印施佛像等。"还有人"供香饼子、炭团"。（卷三《诸色杂卖》）

次则王楼山洞梅花包子、李家香铺、曹婆婆肉饼、李四分茶……
余皆羹店、分茶、酒店、香药铺、居民。（卷二《宣德楼前省府宫宇》）

《武林旧事》记载：南宋杭州，"（酒楼）有老妪以小炉炷香为供者，谓之'香婆'"。

《东京梦华录》记载：街头有"香药脆梅、旋切鱼脍……杂和辣菜之类"。

四月八日佛生日，十大禅院各有浴沸斋会，煎香药糖水相遗，名曰"浴佛水"。

端午节物：百索艾花……香糖果子、粽子、白团、紫苏、菖蒲、木瓜，并皆茸切，以香药相和，用梅红匣子盛裹。自五月一日及端午前一日，卖桃、柳、葵花、蒲叶、佛道艾，次日家家铺陈于门首，与粽子、五色水团、茶酒供养，又钉艾人于门上，士庶递相宴赏。

辛弃疾《青玉案·元夕》描写了元宵夜香风四溢的杭州城：

东风夜放花千树，更吹落，星如雨。宝马雕车香满路。凤箫声动，玉壶光转，一夜鱼龙舞。

蛾儿雪柳黄金缕，笑语盈盈暗香去。众里寻他千百度，蓦然回首，那人却在，灯火阑珊处。

宋时富贵人家的车轿常要熏香，除了使用香包（帷香）、香粉，还用焚香的香球（即熏球，有提链，堪称"移动香炉"），熏后的车轿香气馥郁，谓之"香车"。陆游《老学庵笔记》云："京师承平时，宗室戚里岁时入禁中，妇女上犊车，皆用二小鬟持香球在旁，而袖中又自持两小香球。车驰过，香烟如云，数里不绝，尘土皆香。"

该时期用于香身美容之物甚多，有香囊、香粉、香珠、香膏等。元宵夜赏玩嬉笑的女子多半也傅了香粉，佩了香囊，穿着熏过的香衣。"宝马雕车香满路""笑语盈盈暗香去"，正是对宋代都城景象生动而真实的描写。

宋代宫廷及地方上的各类宴会、庆典都要用香，还常悬挂香球："凡国有大庆皆大宴"，"殿上陈锦绣帷帘，垂香球，设银香兽前槛内"。（《宋史·礼志》）

南宋官贵之家常设"四司六局"（帐设司、厨司、茶酒司、台盘司，果子局、蜜煎局、菜蔬局、油烛局、香药局、排办局），人员各有分工，"筵席排当，凡事整齐"。市民不论贫富，都可出钱雇请，帮忙打理筵席、庆典、丧葬等事。"油烛局"负责灯火事宜，包括"装香簇炭"，而"香药局"的主要职责是熏香："专掌药碟、香球、火箱、香饼、听候索唤诸般奇香及醒酒汤药之类。"（《都城纪胜》）

绝大多数民间传统节日都会用到香，宋代民俗兴盛，更是一年四季香火不断。

五月初五端午节，要焚香、用艾、浴兰。

六月初六天贶节，宫廷要焚香、设道场，百姓亦献香以求护佑。宋真宗托六月六日神人降天书，封禅泰山，出天贶节。高宗称传说中的神明"崔府君"曾护驾，又定此日为崔府君诞辰。明清时常于此节晒书、晒衣、晒钱，出霉气、辟蛀虫，或晒清水，为小孩洗澡、浴猫、浴狗。

七月初七乞巧节，常在院中结设彩楼，称"乞巧楼"，设酒菜、针线、女子巧工等物，焚香列拜，乞求灵巧、美貌、幸福。皇宫中张设更盛。

七月十五中元节（道家）或盂兰盆节（佛家）、鬼节（俗称），常摆放供物，烧香扫墓，"散河灯"，或请僧道至家中作法事，皇宫也出车马谒坟，各寺院宫观则普作法事，为孤魂设道场。

八月十五中秋节，常在院中（或登楼）焚香拜月，女则愿"貌似嫦娥，圆如皓月"，男则愿"早步蟾宫，高攀仙桂"。

除夕春节，祭祀祖先、诸神，用香更多。

香具

从香具的发展历史来看，宋代也是一个承前启后的重要阶段。唐代熏炉已有"轻型化"的趋势，宋代则更为明显，有大量造型简约、形制较小、较为"轻盈"的熏炉。同时，也有很多熏炉继承了晋唐香具的特点，端庄厚重，带有基座或炉盖。

宋元香炉还有一个显著的特点，即出现了很多无盖炉或炉盖简易的香炉，如筒式炉、鬲式炉等，并且发展较快，南宋多于北宋，元代又多于南宋。这一时期线香的使用逐渐增多，这或许是导致香炉造型变化的重要原因。明清时线香更为流行，人们也更多使用无盖香炉。

香具种类丰富。唐代流行的熏球、柄炉此时仍有广泛使用；普遍使用"香盛"（香盒）装香品，且造型繁多，制作精美；有专用的"香匙"（浅勺），如用"圆匙"处置香灰和炭火，用"锐匙"取粉末状的香品，用"香箸"和香、取香，用金属或陶制的"香壶"插放香匙。

也有专用的印香香具，如印香炉、印香模。印香炉的炉口开阔平展，炉腹较浅，或可分为数层，下层放印香模、印香（香粉）。元代的郭守敬还曾制出专用于计时的台几式印香炉，平展的台面上开有很多小孔，如星辰散布天空，香烟于不同的时间从不同的小孔飘出。

香炉造型极为丰富，或拟先秦青铜礼器，或拟日常器物，或拟动物、植物。其风格各异，有高足

宋·米色鱼耳炉

宋·翠青鬲式炉　　　　　　　　　　元·青釉八卦纹筒式炉

杯炉、折沿炉、筒式炉、奁式炉、鼎式炉、鬲式炉、簋式炉、竹节炉、弦纹炉、莲花炉、麒麟炉、狻猊炉、鸭炉等。许多兽形熏炉造型精巧，焚香时，香烟从兽口吐出。

炉具材质以瓷器为主。宋代瓷器工艺发达，品质与产量都有很人提升，花色、纹饰也更为丰富。瓷炉不像铜炉那样适于精雕细琢，但宋代的瓷炉朴实、大雅，质地精良，形成了简洁洗练的风格，美学价值甚高。

瓷炉容易制作，价格较低，更适宜民间使用。瓷窑遍及各地，瓷香具产量很大。定、汝、官、哥、钧等名窑以及磁州窑、

宋·青白釉刻花莲纹鬲式炉

耀州窑、吉州窑、龙泉窑、景德镇窑都出产了大量炉具。

元代以藏传佛教为国教，许多熏炉也带有藏传佛教的风格，有些还模拟"覆钵顶"佛塔的造型。许多香具带有较高的基座。"一炉两瓶"的套装香具也较为流行。

医家喜用香药

宋代医家对香药的喜爱与重视在中医史上堪称空前绝后。该时期各种医方普遍使用香药，如《太平圣惠方》《圣济总录》《和剂局方》《苏沈良方》《普济本事方》《易简方》《济生方》等。

魏晋隋唐时期已有多种香汤、香丸、香散，宋代则种类更多，这些香品也常直接以香药命名，如：

"苏合香丸"，即唐代的吃力迦丸，由苏合香、麝香、青木香、白檀香、熏陆香（乳香）、龙脑香等组成，可治"卒心痛，霍乱吐利，时气鬼魅瘴疟"等症。

"安息香丸"，由沉香、安息香、天麻、桃仁、鹿茸等组成，可治"肾脏风毒，腰脚疼痛"等症。

"木香散"，由木香、高良姜、肉桂等组成，可治"脾脏冷气，攻心腹疼痛"等症。

著名的"牛黄清心丸"也使用了龙脑、麝香、肉桂等，可治"诸风缓纵不随，语言謇涩"以及"心气不足，神志不定，惊恐怕怖，悲忧惨戚，虚烦少睡，喜怒无时，或发狂颠，神情昏乱"等症。

有些方剂还有很好的养生功效，如《和剂局方》之"调中沉香汤"，可以说是一种养生、美容的饮品。用麝香、沉香、生龙脑、甘草、木香、白豆蔻制成粉末，用时以沸水冲开，还可加入姜片、食盐或酒，"服之大妙"，可"调中顺气，除邪养正"，治"食饮少味，肢体多倦"等症，"常服饮食增进，腑脏和平，肌肤光悦，颜色光润"。

《和剂局方》是我国历史上第一部由官方编制的成药药典，其中绝大多数的医方或多或少地都要用到香药，"喜用香药"也成了《局方》的一大特点。元代朱震亨还对宋元医家之袭用《局方》、滥用成药和香燥之品提出批评，主张合理使用香药和《局方》成药。

《西厢记》余香满口

在元杂剧的代表作《西厢记》中，香也扮演了重要的角色。金代说唱家董解元取材唐传奇《莺莺传》，作《西厢记诸宫调》，写张生与崔莺莺的爱情故事，已与《莺莺传》有很大差异。元王实甫又将弹唱叙事的《西厢记诸宫调》改为戏曲《西厢记》，且情节、言辞、人物等皆有改进，"愿普天下有情人都成眷属"的主题更为鲜明。此剧一出即获"《西厢记》天下夺魁"之誉。

《王西厢》及《董西厢》的情节推进都与"焚香"有关，也有大量涉及香的唱词，而故事的中心场景"普救寺"就是过去"则天娘娘的香火院"。

在《王西厢》中，张生初见莺莺时，莺莺正在佛殿"烧香"：莺莺"参了菩萨，拜了圣贤"，要上佛殿时，张生见之，惊为天人。文中亦借香气描写莺莺的美貌："兰麝香仍在，佩环声渐远。"莺莺看到张生，则是为崔相国做超生道场时，张生佯装香客，"焚名香暗中祷告"。

"焚香拜月"的场景也始终伴随着两人情感的发展。女子拜月，通常是已出嫁女子求夫妻幸福，未出嫁女子愿能有如意郎君。莺莺之拜月本身就已给故事增添了许多温馨的气氛。

张生与莺莺对诗，即在莺莺焚香拜月时。张生先闻其香，后见其面，"猛听得角门儿'呀'的一声，风过处花香细生。蹑着脚儿仔细定睛"。莺莺烧香祷告："此一炷香，愿化去先人，早生天界！此一炷香，愿中堂老母，身安无事！……心中无限伤心事，尽在深深两拜中。"正是"夜深香霭散空庭，

帘幕东风静。……又不见轻云薄雾，都只是香烟人气"。

张生的琴歌感动莺莺也是在拜月之时。叛将来抢莺莺，崔夫人求救，张生请人解围。夫人食言，不嫁莺莺，张生病倒。红娘牵线，张生趁莺莺烧香时，弹唱《凤求凰》："有美人兮，见之不忘。……凤飞翩翩兮，四海求凰。……"莺莺被感动，让红娘安慰张生。

后来，莺莺又在花园焚香，张生跳墙进来，莺莺因红娘在场而佯装生气，张生一病不起。

两人定情，还是借焚香之名。莺莺借口和红娘一起到花园焚香，与张生私订终身。崔夫人拷问红娘，红娘说服夫人应允婚事，张生被催去赶考得中状元，终与莺莺喜结连理。

董解元《西厢记诸宫调》"用"香也甚多，并且更细致、更传神，还常借香来渲染各种情绪。例如：

与莺莺对诗之后，张生心生相思："霎时雨过琴丝润，银叶龙香烬。此时风物正愁人，怕到黄昏，忽地又黄昏。"琴歌传情之时，有"宝兽沉烟袅碧丝"。而后莺莺忧愁难眠，有："夜迢迢，睡不着，宝兽沉烟袅。枕又寒，衾又冷，画烛愁相照。"

或许是个巧合，金圣叹的点评也提到了"香"：

《西厢记》必须扫地读之。扫地读之者，不得存一点尘于胸中也。《西厢记》必须焚香读之。焚香读之者，致其恭敬，以期鬼神之通之也。《西厢记》必须对雪读之。对雪读之者，资其洁清也。《西厢记》必须对花读之。对花读之者，助其娟丽也。……《西厢记》必须与美人并坐读之。与美人并坐读之者，验其缠绵多情也。《西厢记》必须与道人对坐读之。与道人对坐读之者，叹其解脱无方也。……

6. 香满红楼：广行于明清

　　宋元时期香文化的繁荣在明清时期得到了全面保持并有稳步发展。社会用香风气更加浓厚，香品成型技术有较大发展，香具的品种更为丰富，线香、棒香（签香）、塔香及适用于线香的香具（香笼、香插、卧炉）、套装香具等得到普遍使用；黄铜冶炼技术、铜器錾刻工艺及竹木牙角工艺发达，许多香具雕饰精美；形制较小的黄铜香炉、无炉盖或有简易炉盖的香炉较为流行。

香药的输入·朝贡贸易·葡萄牙商人

　　自西汉至明初的一千五百多年间，熏香风气长盛不衰，香药消耗量大，明清的香药供给也更依赖于进口。但明清时期一改前代较为开放的海上贸易政策，朝廷长期实行"海禁"，对民间贸易予以严格限制，对外交流受

明·嵌赤铜阿拉伯文铜香炉

到很大的影响。不过，海外的香药仍能通过各种渠道进入内地。

明代虽禁止民间交易，但允许朝廷管制下的"朝贡贸易"（与明朝通好的国家可派"贡舶"来中国并附带商货，在指定地点进行交易）。明初，为显示天朝威仪，对贡舶还极为优惠，不但耗费大量资财接待外国贡使，而且常以"薄来厚往"的原则回赠价值更高的物品，朝贡贸易框架内的物资交流仍有相当大的规模。郑和下西洋之后，来中国进贡通好的国家更多，朝贡贸易更是空前兴盛。

公元 1405—1433 年（永乐、宣德年间），郑和率领两万余人的庞大船队七下西洋，沿途用人参、麝香、金银、茶叶、丝帛、瓷器等物品与各国交易，换回的物品中香药占有很大比例，包括胡椒、檀香、龙脑、乳香、木香、安息香、没药、苏合香等。这些香药除供宫廷使用外，大部分都被销往全国各地。

明清海禁的目的并不是禁止海外贸易（明代是为维持沿海安定，防范海盗、倭寇，清代是为防范沿海汉人反抗、戒备西方列强等），所以，虽然该时期总体上是以"禁"为主，但"开海"的主张从来没有停息，也一直有阶段性的开海政策。如明代后期隆庆帝时，基本肃清倭患，即开放海禁，允许私人商船出洋，海上贸易立时极为兴盛。

此外，这一时期也始终有地下贸易存在，许多地方走私犯还规模甚大。如嘉靖时，虽然海禁极为严厉，但东南沿海民众及徽州商帮仍不顾禁令，造

清·玉炉

船出海，"富家以财，贫人以躯，输中华之产，驰异域之邦"（《海澄县志》）。利润巨大的香药贸易不仅吸引了众多海内外商人，还诱使一些官员加入了走私活动。

约明中期之后，葡萄牙也成为中国香药进口的一大渠道。葡萄牙驻满剌加（今马六甲）总督首次派到广东的商船即载有大量香药。不久，葡萄牙国王的特使至广东，龙脑香也是其携带的主要礼品之一。葡萄牙商船以其侵占的满剌加为依托，频繁往来于澳门及南洋群岛、马来半岛、印度洋沿岸港口之间，向中国运入了大量的胡椒、檀香、乳香、丁香、沉香、苏合香油、肉豆蔻等物。仅公元 1626 年，葡萄牙人从印度尼西亚望加锡港运来的檀香就值 60000 银元。［博克塞（C.R.Boxer）《葡萄牙绅士在远东，1550—1770》，*Fidalgos in the Far East*，1550—1770］

龙涎香与澳门·沉香与香港

约自汉代开始，南部边陲及东南沿海地区的官员就常有一个额外的任务，即负责采置宫廷所需的名贵香药（常来自海外）。明清时期，一面是禁止私人海上贸易的政策，一面又要置办各种香药，东南沿海一带的官员负担尤重。

明世宗尤其热衷名香，还专门重金悬赏、四处搜罗龙涎香。龙涎香来自抹香鲸，靠在海边拾取或在深海孤岛周围搜寻得之，数量稀少，主产于印度洋海域。

葡萄牙商人得以居住澳门，其直接原因是在嘉靖年间葡萄牙人协助当地官员剿杀海盗且贿赂当地官员，但也有许多研究表明，除了受贿的因素，当地官员很可能也是希望借葡萄牙人居澳以方便从他们那里获得龙涎香，这样他们既可完成任务，也可向京城邀功。葡萄牙人居澳后，户部便派人赴澳门，以每斤 1200 两银子的高价取得 11 两龙涎香：

> 嘉靖三十四年三月，司礼监传谕户部取龙涎香百斤，檄下诸番，

悬价每斤偿一千二百两，往香山澳访买，仅得十一两以归。(《东西洋考》引《广东通志》)

《明史》也言及葡萄牙人入澳与嘉靖时期求龙涎香有关：世宗"采木采香，采珠玉宝石，吏民奔命不暇……又分道购龙涎香，十余年未获，使者因请海舶入澳，久乃得之"。(《明史·食货志六》)

若葡萄牙人得以居住澳门确与香药有关，则也是龙涎香的又一段趣事。不过，此时允许葡萄牙人"居住"与主权无关，清朝时葡萄牙人占据澳门纯系武力强占。实际上，明嘉靖时海防甚强，与葡萄牙舰船的几次交战，均是明朝获胜。

香港地名的由来也与香药关系密切。明代，香港所属东莞一带（万历时又从东莞划出新安，辖香港）沉香种植业兴盛，而且是当地的支柱产业，所产沉香也称莞香、土沉香、白木香。今香港地区也多有香树（也称白木香树、莞香树）且沉香品质甚好，其码头、港口还是周边地区沉香（莞香）的集散转运之地，尖沙头（今尖沙咀）也称"香埠头"，石排湾（今香港仔）也称"香港"，香港地名即由此而来。

明·《粤大记》附《广东沿海图》载"香港"等名称

万历年间，郭棐《粤大记》附《广东沿海图》已标有"香港、铁坑、赤柱"等名称。清初为阻断沿海地区与郑成功的联系，实行大规模"迁海"（近岸数十里内禁止百姓居住），香港地区居民也被迫离乡内迁，种香业亦由此衰落。

熏香之盛·宫廷·文人

明代的京师（北京）不仅有知名的香，还有知名的"香家"，亦深得文人雅士之追捧。如龙楼香、芙蓉香、万春香、甜香、黑龙挂香、黑香饼等皆有名气。芙蓉香、黑香饼以"刘鹤"所制为佳；黑龙挂香、龙楼香、万春香以"内府"（宫廷）所制为好；甜香则须宣德年间所制，"清远味幽"，还有真伪之分，"坛黑如漆，白底上有烧造年月……一斤一坛者方真"（《考槃余事》）。这些香其香方不同，外形也常有多种，如龙楼香、芙蓉香可作香饼，也可作香粉。

从岭南沉香（莞香）之畅销亦可见当时用香风气之盛。明清时，东莞寮步的"香市"与广州的花市、罗浮的药市、合浦（今属广西）的珠市并称"东粤四市"。"当莞香盛时，岁售逾数万金。"苏州、松江一带，逢中秋，"以黄熟彻旦焚烧，号为'熏月'。莞香之积阊门者，一夕而尽，故莞人多以香起家"（《广东新语》）。

明清宫廷有大量制作精良的香具，香炉、香盒、香瓶、香盘、香几等一应俱全。乾隆十六年（1751），孝圣皇后六十大寿的寿礼中即有琳琅满目的香和香具，名称也极尽雕琢，如瑶池佳气东莞香、香国祥芬藏香、延龄宝炷上沉香、朱霞寿篆

明·掐丝珐琅缠枝莲纹熏球

香饼、篆霭金猊红玻璃香炉、瑶池紫蒂彩漆菱花几（香几）、万岁嵩呼沉香仙山（沉香雕品）等。（《国朝宫史·经费二》）

宫廷所用的香，原料、配方、制作、造型都很考究。如"龙楼香"用沉香、檀香、甘松、藿香等二十余味药；"万春香"用沉香、甘松、甲香等十余味药；"黑龙挂香"则悬挂于空中，回环盘曲，似现在的塔香。

内府有大量优质香药可用，外国贡物也常有各色香药，并且还有制好的香。如康熙十四年（1675）安南贡物，除金器、象牙等，还有"沉香九百六十两""降真香三十株重二千四百斤""中黑线香八千株"。（《广西通志·安南附纪》）

宫中殿阁的对联也常写香，如乾隆时延春阁有："吟情远寄青瑶障，悟境微参宝篆香。""春霭帘栊，氤氲观物妙；香浮几案，潇洒畅天和。"（《国朝宫史·宫殿·内廷》）

明清文人用香风气尤盛。高攀龙日常读书、静坐常焚香："盥漱毕，活火焚香，默坐玩《易》……午食后，散步舒啸。觉有昏气，瞑目少憩。啜茗焚香，令意思爽畅，然后读书，至日昃而止。趺坐尽线香一炷。"（《高子遗书·山居课程》）

盛时泰："每日早起，坐苍润轩，或改两京赋，或完诗文之债，命童子焚香煮茗若待客者，客至洒笔以成，酣歌和墨，以藉谈笑。"（《二续金陵琐事》）

清·宫廷香腰牌

从《红楼梦》前八十回对香的描写来看（可参见后文），曹雪芹应也有日常用香的习惯，且对和香之法颇为了解。贾宝玉

《夏夜即事》或也反映了曹雪芹的生活："倦绣佳人幽梦长，金笼鹦鹉唤茶汤。窗明麝月开宫镜，室霭檀云品御香。"据《木草纲目拾遗》载，康熙年间曾有香家为曹雪芹祖父曹寅制藏香饼，香方得自拉萨，采用了沉香、檀香等二十余味中药。

明代中后期文人还把香视为名士生活的一种重要标志，以焚香为风雅、时尚之事，对于香药、香方、香具、熏香方法、品香等都颇为讲究。

《溉堂文集·塒斋记》："时之名士，所谓贫而必焚香，必啜茗。"

《长物志跋》："有明中叶，天下承平，士大夫以儒雅相尚，若评书品画，瀹茗焚香，弹琴选石等事，无一不精。"

　　焚香鼓琴，栽花种竹，靡不受正方家，考成老圃，备注条例，用助清欢。时乎坐陈钟鼎，几列琴书，帖拓松窗之下，图展兰室之中，帘枕香霭，栏槛花研，虽咽水餐云，亦足以忘饥永日，冰玉吾斋，一洗人间氛垢矣。清心乐志，孰过于此？（《遵生八笺》）

"明末四公子"之冒襄与爱姬董小宛皆爱香，也曾搜罗香药、香方，一起作香，"手制百丸，诚闺中异品"。董去世后，这段生活尤令冒襄怀恋，"忆年来共恋此味此境，恒打晓钟尚未著枕，与姬细想闺怨，有斜倚薰篮，拨尽寒炉之苦，我两人如在蕊珠众香深处。今人与香气俱散矣，安得返魂一粒，起于幽房扃室中也"（《影梅庵忆语》）。

高濂还曾在《遵生八笺·香笺》中提倡"隔火熏香"之法："烧香取味，不在取烟。"以无烟为好，故须"隔火"（在炭饼与香品之间加入隔片）；隔片以砂片为妙，银钱等物"俱俗，不佳，且热甚，不能隔火"，玉石片亦有逊色；炭饼也须用炭、蜀葵叶（或花）、糯米汤、红花等材料精心制作。

不过，这些细致的讲究大抵只在部分文人中流行(唐宋已常用"隔火"之法，非明人创见）。多数明清文人与宋元文人相似，并不排斥香，也常赞赏其诗意。文人用香还是以直接燃香为主，并不"隔火"。如徐渭诗《香烟（其二）》有：

"香烟妙赏始今朝……斜飞冉冉忽逍遥。"纳兰性德："两地凄凉，多少恨，分付药炉烟细。"袁枚："寒夜读书忘却眠，锦衾香尽炉无烟。"

明清时期的香学文论也较为丰富，各类书籍都常涉及香，其中最突出的应数周嘉胄的《香乘》。周嘉胄是明末知名文士，今江苏扬州人。《香乘》集明代以前中国香文化之大成，汇集了与香有关的多种史料，内容涉及香药、香具、香方、香文、轶事典故等内容。周嘉胄还著有《装潢志》，是论述装裱技艺的重要著作。

《普济方》《本草纲目》等医书对香药和香也多有记载。《本草纲目》几乎收录了所有香药，也有许多用到香药和熏香的医方，用之祛秽、防疫、安和神志、改善睡眠及治疗各类疾病，用法包括"烧烟""熏鼻""浴""枕""带"等，如麝香"烧之辟疫"；沉香、檀香"烧烟，辟恶气，治瘟疮"；降真香"带之"；安息香"烧之"可"辟除恶气"；茱萸"蒸热枕之，浴头，治头痛"；端午"采艾为人，悬于户上，可禳毒气"。

线香·棒香·龙挂香

明清时期制香（包括炮制、配伍等）、用香的基本方法大抵未出两宋框架，但在很多方面都更为精细、丰富。随着机械技术如研磨、挤压等的进步，在香品成型方面有较大发展。

线香广泛流行，成型技术有较大提高。明初的线香可能还比较粗，如画家王绂（1362—1416）有诗《谢庆寿寺长老惠线香》："插向熏炉玉箸圆，当轩悬处瘦藤牵。"

明后期已能制作较细的线香，也不再使用"范模"，而有专用的"挤压"机械或用牛角在尖端做唧筒，以拇指将香条挤出。据陈擎光考察，以"挤压"法制线香的较早记载可见于李时珍《本草纲目》："今人合香之法甚多"，线香"其料加减不等。大抵多用白芷、芎䓖……柏木、兜娄香末之类，为末，

以榆皮面作糊和剂，以唧
筒成线香，成条如线也"。

这种用唧筒通过细孔
压出线形香泥的方法与现
在制作线香的原理基本相
同。今传统香仍喜用榆皮
面作黏合剂。榆皮也是一
味历史悠久的中药材，《神
农本草经》已收载且列其
为可以"久服"的"上药"。

清·夔龙耳蝉纹彝炉

品质优良的线香常被奉为佳物，用作礼品。明正统年间（1436—1449），
担任巡抚的于谦进京觐见皇帝，不以线香、丝帕等特产为礼，还作有《入京》
一诗："绢帕蘑菇与线香，本资民用反为殃。清风两袖朝天去，免得闾阎话短长。"
（《水东日记》）成语"两袖清风"即出于此。

明正德七年（1512），明使节至安南（今越南）册封国王，返回时，安
南国王为正副使准备的礼品，除金银、象牙等物，每人还有"沉香五斤、线
香五百枝"。（《竹涧集》）

不迟于明代中期，现在所说的"签香"（以竹签、木签等作香芯）已多有使用，
常称"棒香"。

嘉靖年间，大臣杨爵因直谏获罪下狱，"狱中秽气郁蒸"，焚棒香以祛浊气，
"乃以棒香一束，插坐前砖缝中焚之"。（杨爵《香灰解》）

《遵生八笺》也载有一种棒香——聚仙香的制法：以黄檀香、丁香等与蜜、
油合成香泥，"先和上竹心子作第一层，趁湿又滚"，檀香、沉香等和制的
香粉作"第二层"，纱筛晾干即成。

明代还有一种形状特殊的香，类似现在的塔香，其一端挂起，"悬空"

燃烧，盘绕如物象或字形，称为"龙挂香"，可视为塔香的雏形。或许早期的龙挂香回环如龙，故得其名。若说线香是一维的，在平面上萦绕的印香（盘香）是二维的，在空中盘绕的"龙挂香"（塔香）则可算是三维的。

《本草纲目》解释线香时也言及龙挂香："线香……成条如线也。亦或盘成物象字形，用铁铜丝悬爇者，名龙挂香。"

龙挂香至迟在明代中期已经出现，常被视为高档雅物。如林俊《辩李梦阳狱疏》有："正德十四年（1519），宸濠差监生方仪赉《周易》古注一部、龙挂香一百枝，前到梦阳家，求作阳春书院序文并小蓬莱诗。"（《见素集·奏议》）

明朝宫内有教太监读书的"内书堂"，学生即以"白蜡、手帕、龙挂香"作为敬师之礼。（《明宫史·内府职掌》）

香具·香筒、卧炉等·宣德炉

明清时期的香具品类齐全，前代香具如熏球、柄炉、印香炉等均有使用，也有新流行的香筒、卧炉、香插等。

明代黄铜冶炼工艺发达，约明中期之后，坚硬且不易锈蚀的黄铜香炉日益流行，这一时期的香炉大多形制较小，无炉盖或有简易炉盖，适于焚烧线香的铜炉较为流行。铜器錾刻及竹木牙角工艺发达，许多香具雕饰精美，且常施以铄金、鎏金、点金等装饰工艺。

随着线香使用的普及，适用于线香及签香的香筒、卧炉、香插广为流行。香筒用于竖直熏烧

明·刘阮入天台香筒

线香，又称"香笼"，多
为圆筒形，带有炉盖，炉
壁镂空以通气散香，内设
安插线香的插坐。卧炉用
于熏烧水平放置的线香，
炉身多为狭长形，有盖或

清·掐丝珐琅香插

无盖。也有类似香筒的"横式香熏"，形如卧倒的、镂空的长方体。香插是
带有插孔的基座，其造型、高度、插孔的大小和数量有多种样式。香插的流
行似乎较晚，多见于清代。

　　用炉、瓶、盒搭配的套装香具，常有高起的基座，宋代常以香盒、香炉搭配。
香盒用于盛放香品，香瓶（宋元也称"香壶"）用于插放香箸、香匙等工具。
祭祀敬香常用"五供"：一香炉、两烛台和两花瓶。

　　香几此时已有较多使用，多用于放置香炉、香盒、香瓶等物，便于用香，
也可摆放奇石、书籍等，尤得雅士青睐。香几高者可过腰，矮者不过几寸，
四周有低矮的围挡。制作考究者，造型、用料、雕镂纹饰都颇具匠心。

　　手炉古代已有，明清时期广泛流行，
多用于取暖，也可用以熏香。炉盖镂空成
各式纹样，炉壁常錾有图案。其外形圆润，
多呈圆形、方形、六角形和花瓣形等。可
握在手中、置衣袖间或有提梁供携带。炉
内可放炭块或有余热的炭灰。也有形制较
大的"脚炉"。明末嘉兴的张鸣岐即以善
制铜手炉著称。其炉铜质匀净，花纹工细，
炉下四足皆锤敲非焊铸而成。炉盖极严，
久用不松；盖上花纹极细，足端不瘪。炉

清·蝴蝶菊花纹手炉

明·掐丝珐琅香瓶

中炭水虽炽而炉体不过热。"张炉"时与濮仲谦竹刻、姜千里螺钿、时大彬砂壶齐名。

明清时期也有很多珐琅香具，其造型丰富，色彩绚烂。珐琅工艺的基本方法是：先制作器胎，再在表面施以各色珐琅釉料，然后焙烧、磨光、鎏金。依其工艺特征可分掐丝珐琅（景泰蓝）、内填珐琅（即嵌胎珐琅）、画珐琅等类；依所用胎料可分铜胎珐琅、瓷胎珐琅、金胎珐琅、玻璃胎珐琅、紫砂胎珐琅等类。

据《宣德鼎彝谱》（八卷本）等明清文献记载，宣德三年（1428），明宣宗曾差遣技艺高超的工匠，利用暹罗国（今泰国）进贡的数万斤优质黄铜矿石及锌、锡、金、银等金属，加各色宝石等一并精工冶炼，制造了一批精美绝伦的铜香炉，这就是成为后世传奇的宣德炉。

也有人认为，目前所见对宣炉的较早记载仅能追溯至明代后期（有些文献可能成书于宣德年间，但也是迟至晚明才传出），所以，官铸宣炉的说法是否属实尚待考证。不过，即使此说不实，也仍然可以确知，至迟在晚明，曾出现了一批称之为"宣德炉"的精美铜炉，且此后声名远扬并对明清香炉产生了很大的影响。（可参见本书"香具"宣德炉部分）

明·象首足鼎式炉

明·阿拉伯文铜压经炉

咏香·香令人幽

明清咏香诗文数量甚丰，可见于各类文体，还有许多对香的点评，文辞隽永，堪称妙语。

陈继儒言："香令人幽，酒令人远，石令人隽，琴令人寂，茶令人爽，竹令人冷，月令人孤，棋令人闲，杖令人轻，水令人空，雪令人旷，剑令人悲，蒲团令人枯，美人令人怜，僧令人淡，花令人韵，金石鼎彝令人古。"（《太平清话》）

屠隆言："香之为用，其利最溥。物外高隐，坐语道德，焚之可以清心悦神。四更残月，兴味萧骚，焚之可以畅怀舒啸。……又可祛邪辟秽。随其所适，无施不可。"（《考槃余事·香笺》）（可参见"文人与香·咏香诗文"）

高濂曾据当时的香方或香药划分香的风格："幽闲者"，如"妙高香、檀香、降真香"；"恬雅者"，如"兰香、沉香"；"温润者"，如"万春香"；"佳丽者"，如"芙蓉香"；"蕴藉者"，如"龙楼香"；"高尚者"，如"棋楠香、波律香"。不同的情境宜用不同风格的香："幽闲者"，可清心悦神；"温润者"，可远辟睡魔；"佳丽者"，可熏心热意；"蕴藉者"，可伴读、醒客等。（《遵生八笺》）

明清咏香诗词众多，亦多有名家佳作，如：

文徵明《焚香》："银叶荧荧宿火明，碧烟不动水沉清。……妙境可参先鼻观，俗缘都尽况心兵。日长自展南华读，转觉逍遥道味生。"（文徵明是明中期著名画家、文学家，与沈周、唐寅、仇英并称"明四家"。）

徐渭《香烟（其二）》："午坐焚香枉连岁，香烟妙赏始今朝。""直上亭亭才伫立，斜飞冉冉忽逍遥。"（徐渭是晚明著名文学家，字文长，书画诗文俱佳，齐白石曾言："恨不生三百年前，为青藤磨墨理纸。"）

被王国维《人间词话》称为"北宋以来，一人而已"的纳兰性德也多有咏香佳句，如："香销被冷残灯灭，静数秋天，静数秋天，又误心期到下弦。""急雪乍翻香阁絮，轻风吹到胆瓶梅，心字已成灰。""寂寂绣屏香篆灭，暗里朱颜消歇。"（纳兰性德，字容若，是清初著名词人，出身贵胄而品性高洁，其词"纯任性灵，纤尘不染"。）

席佩兰《寿简斋先生》："绿衣捧砚催题卷，红袖添香伴读书。"（席佩兰是乾隆嘉庆年间女诗人，原名蕊珠，性喜画兰而自号佩兰，曾从袁枚受学。）

袁枚亦有《寒夜》一诗，写因夜深不睡而焚香读书，被夫人训斥，颇有情趣："寒夜读书忘却眠，锦衾香尽炉无烟。美人含怒夺灯去，问郎知是几更天？"

明清还有许多专写某一香具、香品的诗词，如瞿佑《烧香桌》《香印》，王绂《谢庆寿寺长老惠线香》，朱之蕃《印香盘》《香篆》等。（可参见"文人与香·咏香诗文"。）

明谏官杨爵的《香灰解》是一篇颇有特色的作品。嘉靖帝沉溺仙术，致国事昏聩。先有大臣杨最因直谏下狱，刑重而死，致群臣皆不敢言。杨爵却不计生死，上书极谏，受酷刑而泰然处之，狱中作《周易辨说》《香灰解》等。杨爵在文中自言曾焚烧棒香以除狱中浊气，见烧后的香灰聚而不散，猜它是"抱憾积愤"而不能释然，于是讲述生死存亡之理，为"香灰"作了一番"超度"，还赞之"煅以烈火，腾为烟氲"，"直冲霄汉，变为奇云，余香不断，芯芯芬芬"。

故凡全气成质，寓形宇内而为人为物者，终归于尽。天地如此，其大也，古今如此，其远也。其孰不荡为灰尘，而扬为飘风乎？……尔不馨香，与物常存。煅以烈火，腾为烟氲，上而不下，聚而不分，直冲霄汉，变为奇云，余香不断，苾苾芬芬……吾以喻人。事苟可死，何惮杀身？愿尔速化，归被苍旻。乐天委运，还尔之真……呜呼，易化者一时之形，难化者万世之心。形化而心终不化，吾其何时焉，与尔乎得一相寻也？

群香缥缈《红楼梦》

明清时期的小说和戏曲经常会写到香。《红楼梦》亦多涉香，大观园可以说是名副其实的众"香"国：书房、闺房、厅堂、寺院皆有香；依用途而有熏香、熏衣、疗疾、祛秽、宴客、庆典、祭祀……依形制而有熏笼、提炉、手炉、鼎炉……依香方而有百和香、福寿香、梅花香饼、藏香、"闷香"……依外形而有香丸、香饼、香篆（印香）、瓣香……依香药而有安息香、龙脑、麝香、沉香……还有香囊、香珠、香串、香粉、香露、香木雕品……黛玉的"幽香"、宝钗的"冷香"、秦可卿的"甜香"……更有稻香村、藕香榭、梨香院、暖香坞……花谢花飞花满天，红消香断有谁怜？……

《红楼梦》前八十回对香品、香具、用香的描写丰富、具体，且理法并重，时有妙论。既符合当时上层社会的用香状况，又有文人用香的色彩，典雅而富有韵味，在历史上也有渊源可循，是香史上较有代表性的内容，例如：

·节日庆典用香、焚百合之香。元春省亲，元宵之夜的大观园香气缭绕："金银焕彩，珠宝争辉，鼎焚百合之香，瓶插长春之蕊……又有销金提炉焚着御香……值事太监捧着香珠、绣帕……只见园中香烟缭绕，花彩缤纷，处处灯光相映，时时细乐声喧，说不尽这太平气象，富贵风流……但见庭燎烧空，香屑布地……鼎飘麝脑之香，屏列雉尾之扇。"（第十八回）元春省亲时大

观园所焚"百合之香"（用"百草之花"和制的熏香，一说是"各种香药"），即一种历史"悠久"的熏香，魏晋时已有"汉武帝焚百合之香"迎西王母的传说。（《汉武内传》）再早，还有汉代典籍所言，上古以"百草之英"制作香酒"鬯"。（《白虎通义》）南北朝吴均有："博山炉中百和香，郁金苏合及都梁。"杜甫有："花气浑如百和香。"

·用百和香祛秽。"袭人一直进了房门……只闻得酒屁臭气满屋。一瞧，只见刘姥姥扎手舞脚的仰卧在床上……忙将鼎内贮了三四把百合香，仍用罩子罩上。"（第四十一回）

·手炉焚梅花香饼。袭人"向荷包内取出两个梅花香饼儿来，又将自己的手炉掀开焚上，仍盖好，放与宝玉怀内；然后将自己的茶杯斟了茶，送与宝玉"（第十九回）。袭人手炉所焚"梅花香饼"，是以多种香药（或加梅花及梅枝）和制而成，香气似梅花，有佩戴、熏焚等不同用法，在北宋文人间已十分流行。

·宝钗服冷香丸。宝钗生来带着"一股热毒"，有和尚给了个"冷香丸"的药方和一包"异香异气"的"末药"。冷香丸制作繁复：用"春天开的白牡丹花蕊""夏天开的白荷花蕊""秋天的白芙蓉蕊""冬天的白梅花蕊"各十二两，"于次年春分这日晒干"，合末药一齐研磨，再要"雨水这日的雨水"，白露的露水，霜降的霜，小雪的雪，加蜂蜜、白糖，制成香丸，"盛在旧磁坛内，埋在花根底下"，发了病时，取一丸，"用十二分黄柏煎汤送下"。（第七回）末药，即没药，西亚一带出产的著名香药，气味"复杂"，略苦。宝钗所服的"冷香丸"，制作方法繁复，但其采四时之药、用四时之水、择日合药、入地窖藏、制为蜜丸等都甚合古代和香（包括熏烧类香品）的理法。

·香木雕品（沉香拐拐、伽楠珠、檀香木佛像等）。明清宫廷常以香木雕品及熏香为礼品，《国朝宫史》等史籍皆有记载，孝圣皇后六十大寿的寿礼亦有类似物品，前文《红楼梦》中有如下记载：元春元宵省亲，送贾母"金、玉如意各一柄，沉香拐拐一根，伽楠念珠一串"等物。（第十八回）

贾母八十大寿，元春送"金寿星一尊，沉香拐一只，伽南珠一串，福寿香一盒，金锭一对"等物。（第七十一回）"（宝玉）说着，又向怀中取出一个旃檀香小护身佛来，说：'这是庆国公单给我的。'"（第七十八回）

·以龙脑香、麝香送礼。贾芸为谋个大观园的差事，借了十五两银子，买了四两冰片（龙脑香）、四两麝香，谎称是朋友送的，送到荣府……做了花匠的监工。（第二十四回）

·香枕。宝玉"倚着一个各色玫瑰芍药花瓣装的玉色夹纱新枕头"与芳官划拳。（第六十三回）

·香露。"两个玻璃小瓶，都有三寸大小，上面螺丝银盖，鹅黄笺上写着'木樨清露'，那一个写着'玫瑰清露'。袭人笑道：'好金贵东西！这么个小瓶儿，能有多少？'"（第三十四回）

·人物的香气。林黛玉、秦可卿、薛宝钗各有其香，如衣袖之香，身体之香，居室之香，各具特色。

黛玉神奇的"幽香"。宝玉"只闻得一股幽香，却是从黛玉袖中发出……宝玉摇头道：'这香的气味奇怪，不是那些香饼子、香球子、香袋子的香。'黛玉冷笑道：'难道我也有什么罗汉、真人给我些奇香不成？……我有的是那些俗香罢了。'……黛玉笑道：'我有奇香，你有暖香没有？'宝玉见问，一时解不来……黛玉点头叹笑道：'蠢才……人家有冷香，你就没有暖香去配？'宝玉方听出来。"（第十九回）

宝钗的"冷香"。宝钗的蘅芜苑"异香扑鼻，那些奇草仙藤愈冷愈苍翠"，房间布置得像雪洞，服的药还是"冷香丸"，一派清凉景象。（第四十回）

秦可卿的"甜香"。"刚至房门，便有一股细细的甜香袭了人来。宝玉便觉得眼饧骨软，连说'好香！'……（宝玉）惚惚的睡去，犹似秦氏在前"，来到太虚幻境，见到警幻仙子……（第五回）

·花木之香不可胜数。如黛玉《葬花辞》："花谢花飞花（一作飞）满天，

红消香断有谁怜？……花魂鸟魂总难留，鸟自无言花自羞。愿奴胁下生双翼，随花飞到天尽头。天尽头，何处有香丘？未若锦囊收艳骨，一抔净土掩风流。……侬今葬花人笑痴，他年葬侬知是谁？试看春残花渐落，便是红颜老死时。一朝春尽红颜老，花落人亡两不知。"（第二十七回）

·写诗填词"用"香。宝钗《灯谜诗（更香）》："朝罢谁携两袖烟，琴边衾里总无缘。晓筹不用鸡人报，五夜无烦侍女添。焦首朝朝还暮暮，煎心日日复年年。光阴荏苒须当惜，风雨阴晴任变迁。"谜底是"更香"，一种用以计时的香（属于"印香"），其香粉平铺、回环如篆字，有刻度，一香可燃一夜，冬"长"夏"短"，以模具（"香印"）框范而成。其香粉以燃烧稳定为要，常用木粉、松球等，香气淡，不宜为琴房或衣被熏香。"衾里"，熏球（香球）可置衾被下熏香取暖。"朝罢谁携两袖烟"出杜甫"朝罢香烟携满袖"。此诗暗示宝钗与宝玉无缘及日后孤单。（第二十二回）中秋夜大观园即景联句，妙玉有："香篆销金鼎，脂冰腻玉盆。"（香篆：即印香，又名篆香；第七十六回）宝玉诗《夏夜即事》（写夏日生活）："倦绣佳人幽梦长，金笼鹦鹉唤茶汤。窗明麝月开宫镜，室霭檀云品御香。琥珀杯倾荷露滑，玻璃槛纳柳风凉。水亭处处齐纨动，帘卷朱楼罢晚妆。"（有丫鬟名檀云、麝月；第二十三回）

宝玉诗《有凤来仪》（咏潇湘馆）："秀玉初成实，堪宜待凤凰。竿竿青欲滴，个个绿生凉。迸砌妨阶水，穿帘碍鼎香。莫摇清碎影，好梦昼初长。"（第十八回）

从对香的描写与"使用"来看，曹雪芹的前八十回与续写的四十回也有显著差异。续写的部分较为空泛、"大众化"，香"用"得也很"实"。如：

第八十九回，黛玉"写经"时叫紫鹃"把藏香点上"。第九十七回，宝玉在婚礼上昏晕之后，家人急忙"满屋里点起安息香来，定住他的神魂"。安息香，安息香树的树脂，魏晋时自西域安息传入，故名。后来医家顺字释为"安息病邪之气"，可"辟邪"，开窍醒神。第一百一十二回，妙玉在栊翠庵被"强盗的闷香"熏得手足麻木，被抢，失踪。闷香，类似迷药的香。第一百一十四回，甄应嘉"知老太太仙逝，谨备瓣香至灵前拜奠"。瓣香，香木片、香木块等。

明义《题红楼梦》绝句也有"返魂香"（咏黛玉）："伤心一首葬花词，似谶成真自不知。安得返魂香一缕，起卿沉痼续红丝？"

大观园也曾是"金银焕彩，珠宝争辉，鼎焚百合之香，瓶插长春之蕊……处处灯光相映，时时细乐声喧，说不尽这太平气象，富贵风流"。《红楼梦》的袅袅余香与巍峨背影中，也正辉映着中国香文化曾有的繁华与辉煌。

近世之香

香原本就是一种"奢侈品"，香文化的发展尤其需要安定繁荣的环境。而晚清以来，中国社会受到了前所未有的冲击，香文化也进入了一个较为艰难的时期。一方面是政局的持续动荡极大地影响了香药贸易、香品制作及国人熏香的情致。另一方面则是传统观念的嬗变改变了人们熏香的习惯。在民族危亡之际所进行的对传统文化的反思难免偏激与肤浅，由此而来的运动式的、矫枉过正的批判，使传统中的许多精华被混于糟粕一并丢弃了，香也在这一潮流中受到牵连。

同时，曾长期支持、推动着香文化发展的文人阶层在生活方式与价值观念上发生了巨大的变化，早已融入了书斋琴房的香也与之渐行渐远，失去了美化生活、陶冶性灵的内涵，而主要是作为祭祀的仪式保留在庙宇神坛之中。

此外，在20世纪得到迅速发展的合成香料及化学加工技术也极大地改变了中国的香。虽然传统香的一些形式性的方法也得到了保留，但核心工艺的传承出现了明显的中断，香的用料、配方与品质都大为下降，时至今日，已很少能见到遵循古法制作的传统香。

合成香料能模拟绝大多数天然香料的香气，并且原料易得（如石油化工产品），成本低廉，香气浓郁，自19世纪末问世之后，很快就成为制香行业

的主要添香剂。以化学制品为核心材料的香非但不能安神养生，反而有可能损害健康。

但近世之人大都将焚香、上香当作一种形式，只是烧香、看香，不是品香、赏香，也并不在意香的品质。于是，厂家愿制，商家愿卖，香客愿买。香的质量良莠不齐，名称也越来越花哨，包装越来越华美，而金玉之内少有香珍。

于是，人们渐渐不再知道古代的香是怎样一种形象，不再知道古代的中国人曾经那样喜欢香，也不再知道古人为什么会喜欢香。

近世之香虽亟待匡正与振兴，却也只是一时之境况。香所固有的美妙与珍贵足以使我们相信，中国社会的进步与繁荣必将催发香文化的蓬勃生机。

尘埃落处，月明风清。洗尽铅华，再起天香。

第二章　香药

1. 香药概述

香药，指以取于天然植物芳香部位为主的香材，也有少部分是取于动物的芳香部分。香药在我国历史上是人们生活中不可或缺的重要物品。香药在古代的使用，主要是取其芳香开窍、调和阴阳、扶正祛邪、生发元气、安和五脏的功用，用以治病疗疾；取其药性属阳、能和万物之性的特质，用以颐养形而上之本性，达到性命共养的功效，以求性命相和，人天相应。从历史的痕迹来看，香药的身影在国人生活中无处不在，有防腐、驱赶蚊虫、清洁空气、改善环境、腌制食物、熏衣熏被、建筑添香防虫、制作配饰、制作香品、祭祀等各种用途。所以，香药数千年来深受国人青睐，有着至少六千年以上的辉煌发展历程。香药在西方称为香料，因不知其治病养生之用，主要作为佐餐和调制香水的原料。近世国人也多称之为香料，不知是否有趋附西方文化之嫌，有待进一步研究。

在历史上，香药既与中药相参使用，又别于中药成为独立的体系。《山海经》中描述，大禹时期某些地域的市场上香药与中药已是分别经营。香药在管理和使用方面有着较中药更加严格的规范和制度，历代以来皆由国家控制，与盐铁一样实行专卖。

香药，主要产于亚洲地区，我国是主产区之一。有史以来，人类生活中

用到的香药有四百余种，和香常用的有一百多种。从早期使用的兰、蕙、椒、桂，到被誉为四大名香的沉、檀、龙、麝，绝大部分香药在我国都有出产或曾经出产，仅海南一地就出产香药326种，而且有多种香药是质地最佳者，如海南黎母山"一片万钱"的沉香，唐宋时期产于海南的龙脑、旃檀以及降真香等。

现存最早的本草专著《神农本草经》将所收365种药材分列三品："上药"，"养命以应天"，"轻身益气，不老延年"，可"多服久服"；"中药"，须斟酌的服用；"下药"，"治病"，不可久服。传统香的很多常用香药都在上品之列，如麝香、木香（青木香）、柏实、榆皮、白蒿、甘草、兰草、菊花、松脂、丹砂、菌桂、辛夷、雄黄、硝石，等等。以榆皮为例，"榆皮，除邪气，久服轻身不饥"，所以传统香始终喜用榆皮粉作黏合剂，偶尔也会使用白芨等为黏合剂，现在的线香、盘香等仍然如此。

历代以来，香药不仅是制作香品所需的原料，而且贯穿在生活中的方方面面。如治病疗疾的香、保健养生的香、佩戴的香、把玩的香、收藏的香、沐浴的香、腌制食物的香、腌制水果的香、喝的香、吃的香、装饰的香、建筑的香、防腐的香、焚烧的香，等等。因此，香药在古代的用途是十分广泛的，是居家、传家的宝贝，礼送宾客的高贵礼品，情侣的定情之物，番邦的进贡上品。由于香药的珍贵以及在生活中的重要用途和意义，因此其成为人们日常生活中不可或缺的物品。历史上，香药曾经成为许多民族寻找和争夺的重要资源，甚至是引发战争的因素之一。

唐宋时期香药在我国达到了使用高峰，不仅形成了与陆上丝绸之路并驾齐驱的海上香药之路，甚至也曾经是国家经济收入的重要支柱之一。我国曾经被世界誉为"众香国"，这可能不仅因为各地盛产香药，更因为民族的喜香习性和广泛的民族用香习惯，以至无论都市集镇、坊间闾里，"巷陌皆香"。在生活中广泛使用香药，也曾经是中华民族有别于其他民族的鲜明民族特色。

香药，门类众多，涉及植物的根、枝、干、叶、皮、花、果实、种子、树脂以及部分动物的分泌物等由于篇幅有限仅选部分介绍。

2. 我国早期的四大名香：兰、蕙、椒、桂

兰

兰花以高贵芬芳的品格被孔子赞为"兰为王者香"，《孔子家语》中说："芷兰生于深林，不以无人而不芳；君子修道立德，不以穷困而改节。"历代以来，兰花之香已成为文人气节道德的标范，"芝兰之室"成为良好环境的代名词。兰花的品质也是我国和香所追求的根本境界。

古代和香所用兰花，主要是用其根茎部位。许多兰花品种都可以入香，但以幽兰最佳。幽兰一名春兰，根肉质、白色，叶线形、狭长，约20厘米，边缘具有细锐锯齿，叶脉明显。每茎1—2朵花，黄绿色，香味清幽，早春开花。秋兰、墨兰、蜘蛛兰等的根茎也可作为和香的原料选择之一。

蕙

蕙，即蕙兰，又称蕙草、香草、芳草，是兰科兰属的地生多年生草本植物，叶瘦长，丛生，初夏开淡黄绿色花，气味馨香，一茎可开十几朵，色、香都比兰清淡，可供观赏。其根皮芳香，可和香，亦可做药材。

椒

椒，是指花椒的种子和种皮，是人类使用较早的香药之一，其浓郁的香气被认为与兰花的芬芳同属道德的芬芳。古人还认为其具有沟通人天，和合性命的功效。所以古代对道德高尚的人，会有"椒兰之德"的美誉。由于椒在古代比较稀有珍贵，从而成为重要的馈赠礼品和年轻人的恋爱定情之物。川椒气味纯正，为花椒中的佼佼者，古代和香多选川椒入药。

桂

桂，是指桂皮，学名柴桂，又称香桂，为樟科樟属植物天竺桂、细叶香桂或川桂等树皮的通称。桂是古代和香的重要香药之一，古代以桂皮之气韵誉贤人素德之风。

3. 唐宋后的四大名香

唐宋后，人们公认的十分珍贵难求的四大名香是沉香、檀香、龙脑和麝香，简称沉檀龙麝，其中龙脑又称冰片。

沉香

沉香，是一种特殊的树木受伤或因极特殊的原因而产生的树脂，在自然环境的长期作用下，逐步生成气味芬芳的凝聚物。能形成沉香的植物，主要是瑞香科沉香属（*Aquilaria*）的白木香、蜜香树、鹰木香等几种香树。这些树木受伤后，自身产生的树胶、树脂、挥发油与木质混合凝结，在内外环境的作用下生成香。所以，它是一种混合了树胶、树脂、挥发油、木材等成分的固态凝聚物，而不是木材。由于沉香成因复杂，受多种因素制约，因此优质沉香比较珍贵。

香树结香后，结香部位质地密实者，入水能沉，所以，古代常称"沈水香""水沈""沈香"等（沈：指沉重、沉没）。"沈"字俗用而为"沉"，故后来也称"沉（水）香"。古代也曾将沉香称为"木蜜""蜜香"，盖言其香气特征。

沉香的成因复杂。天然沉香的形成有很多偶然性，没有哪棵香树一定能

海南沉香

奇楠沉香

越南沉香

结香，即使是毗邻的香树，也常常是有的结香有的无香。自然环境中，能结香的香树约占总量的百分之一，结香的树中，优质能沉于水的又约占结香者总量的百分之一，因此更加珍贵。目前已了解到，若香树根茎部位受伤（由于虫蛀、外伤等原因）有真菌侵入，则常会引起树体内的一系列变化，使树胶、树脂、挥发油等成分逐渐沉积、聚集，形成"香结"。时间愈长，"香结"品质也愈好。若香树死去、倒伏，经过长期的腐蚀和分解，在"香结"处仍然可以形成密实的凝聚物，其品质往往也更高。

　　常温下的沉香香气淡雅，熏烧时则气味浓郁、醇厚，且历久不散，加之沉香成香时间漫长，稀少难得，故自古为世人推重。天然香树一般要到十年或数十年以上才有发达的树脂腺，才有可能形成"香结"，而"香结"还要经过漫长的时间才能真正"成熟"。有的香树寿命长达数百年，其倒伏后留存的沉香往往也有数百年以上的寿命，所以古人称赞沉香是"集千百年天地灵气"的香中珍品。

由于成因复杂，对环境影响的敏感性，所以沉香的个体差异很大，对沉香品质的鉴别也不是一件容易的事，需从许多方面做出考察，如香气、香韵等整体品质，树脂与油脂的含量，是否"成熟"，等等。

一般说来，密度越大的沉香，树脂与油脂的含量也越高，所以古人常以能否沉水作为鉴别沉香的一种方法。入水能沉者，常称"水沉""沉香"；次之，大半沉水者，常称"馢香"或"栈香"；再次，稍稍入水而浮于水面者，常称"黄熟香"。一般认为，黄色、褐色、深绿色或黑色的沉香，以及点燃时能有沉油沸腾的沉香，其树脂与油脂的含量也较高。不过，这些方法也只能作为参考。实际上，树脂与油脂含量高的沉香固然能萃取更多的精油，或气味更浓。但从香用的角度来评判，香气的品质及香品的高雅程度未必更好。沉香的形成过程漫长，其品质是多种因素共同作用的结果，除了树种、树龄等香树自身的因素，还受到生物（真菌等）、气候、土壤等多种环境因素的影响。

另一个较为重要的标准是"成熟"度。例如，香树倒伏在地面上、泥土中或水泽中，经年累月之后自然形成的"熟香"优于那些不待香品完全成熟就砍伐采取的"生香"。

在传统香里，沉香堪称是最重要的一味香药，有其他香药难以替代的作用。此外，更重要的是，沉香在和香中更重要的是起到"调和诸香"的作用，能"协和诸药，使之不争"。而传统香讲究君臣佐使的配伍关系，沉香在传统香中的作用，正如中药里的甘草，能调和各种香药的药性，使之和为一体，被誉为"香中国老"。

沉香在佛、道等宗教活动中的地位也很高，是佛道修行中常用的香药。加入沉香制作的熏香是参禅打坐的上等香品，沉香（木）雕刻的念珠、饰品、神佛、菩萨雕像等也是十分珍贵的法物、法器。古代皇家天坛祭天、民间中

秋熏月时，也经常直接焚烧沉香。

沉香自古就是一味重要的药材，有降气除躁、暖肾养脾、顺气制逆、纳气助阳等功效。《本草备要》谓之："能下气而坠痰涎……能降亦能升"，"暖精助阳。行气不伤气，温中不助火"。《大明本草》谓之："调中补五脏，益精壮阳，暖腰膝。"很多著名的成药都要用到沉香，也有很多直接以沉香命名的药方，如各种沉香丸、沉香散、沉香汤等。

古代也常以沉香制成各种养生饮品。如宋代《和剂局方》载有"调中沉香汤"，用沉香、麝香、生龙脑、甘草等制成粉末，用时以沸水冲开，还可加姜片、食盐或酒，"服之大妙"，可治"饮食少味，肢体多倦"等症，又可养生、美容，"调中顺气，除邪养正"。"常服饮食，增进腑脏，和平肌肤，光润颜色。"

有些沉香还是上等的雕刻材料。产于印尼、马来半岛等地的沉香，由于体积硕大，木质较密，常被作为雕刻的原料。沉香雕品古朴浑厚，别具风韵，在古代就深受推崇。苏轼就曾将用海南沉香雕刻的山子送给苏辙，作为他六十大寿的寿礼。乾隆皇帝赠予泰山的一对沉香狮子，也被作为泰山一宝珍藏。

沉香中有一个比较特殊的品类，常单成一格，称"奇楠香""棋楠香"等。从香药的阴阳属性上来讲，奇楠香是为数不多的阴性香品之一。奇楠不如沉香密实，上等沉香入水则沉，而上等奇楠常半沉半浮。沉香较硬，而奇楠则较软，富有韧性和黏性，"削之如泥，咀之如蜡"。其碎屑甚至能捻搓成球。在常温下，沉香一般香味较淡，而奇楠则有明显的香甜之气。熏烧时，沉香香气稳定，奇楠则多有"变幻"之感。奇楠的树脂与油脂含量要高于沉香，加之奇楠香产量甚低，故尤其珍贵。越南所出的"占城"奇楠在宋代就已声名显赫，价值连城。不过，奇楠香固然有很多优点，但其并非一定优于其他沉香。另因奇楠香气味阴柔多变，不易于安和心性，所以香品中几乎不添加，甚至不能作为和香原料。

我国出产沉香的树种是瑞香科的白木香树，历史上曾广泛分布于海南、两广等地，但野生香树现已数量稀少，被列为国家二级保护植物。白木香树也是我国的独有树种，所产沉香常称"土沉香"（盖言沉入土中而成熟）。虽然总体上看，"土沉香"的油脂含量低于"进口沉香"（今常把越南、印尼等地的沉香树种所产沉香称为"进口沉香"），但香气品质甚好，多有上等沉香。特别是海南黎母山所产优质沉香更是"一片万钱"，极其珍稀。

古代的海南岛多有天然白木香树，很多人世代以采香为业，所产沉香有很高的声誉，也是海南的重要特产。陆游词："临罢《兰亭》无一事，自修琴。铜炉袅袅海南沉，洗尘襟。"海南沉即指海南沉香。

古人还曾专门比较过海南沉香与外来沉香，认为海南沉香优于外来沉香。北宋丁谓曾言，就烟而论，舶来之香"其炉烟蓊郁不举"，海南香则"高烟杳杳，若引东溟"；就香气而论，舶来之香"干而轻，瘠而燋"；海南香则"浓腴湆湆，如练凝漆，芳馨之气，持久益佳"。

海南黎母山所出沉香还有"冠绝天下"的美誉。蔡绦《铁围山丛谈》云："（沉香）占城国（越南）则不若真腊国（柬埔寨），真腊国则不若海南，诸黎峒又皆不若万安、吉阳两军之间黎母山。至是为冠绝天下之香，无能及之矣。"

广东东莞一带在明清时曾以沉香闻名，所产沉香常称"莞香"（白木香树又名莞香树）。今香港境内也多有香树，其码头、港口亦是莞香集散之地，故尖沙头（今尖沙咀）也称"香埠头"，石排湾（今香港仔）也称"香港"，香港地名由此而来。

沉香主产于我国的海南、广东、云南等地，以及越南、柬埔寨、泰国、印度尼西亚、马来西亚等国家。现今沉香亦多有人工种植：栽培沉香树并用各种方法在树体上引"种"沉香，例如，在香树上开出较深的"伤"口，植入真菌，引起香脂等成分沉积，数年后再割取沉香。但这种方法所产沉香多质地差，甚至许多香含有在造香过程中施加的化学成分残留，有害于人体健康。

檀香

檀香取自檀香科檀香属（*Santalum*）树种。檀香树的根、茎、枝、果实等都含油脂，但以木质心材为主，越靠近树心或树根的材质越好，含油量也越高。檀香是和香的常用香药，也是重要的中药材，是制作工艺品、配饰的优良材质，印度及西方多用来提炼精油。

檀香树是生长最缓慢的树种之一，通常要数十年才能成材，也是一种"娇贵""高贵"的半寄生性植物。虽然其树根也能从土壤中吸取少量营养，但主要是靠根状吸盘吸附在寄主植物的树根上获取营养，没有了寄主植物，檀香树也无法成活。所以，种檀香树时还需种植它的寄生植物，如豆科的印度黄檀、凤凰树、红豆树等，且寄主树不能长得比檀香树更高、更旺，否则檀香树便会枯死。

檀香在东西方都广受欢迎，也是制作熏香的重要香药。从传统香看来，檀香能安神开窍，与其他香药搭配使用时还有"提升"香气的作用，"引芳香之物，上至极高之分"，所以传统香中的很多和香（多种香药配制的香，与"单品香"相对）都会用到檀香。因为檀香生长在热带、亚热带，从五行的角度及气味分析，都属于火性较大的药材类属，古代香家认为最好不"单"用檀香，若能先以茶浸等方法进行"炮制"后使用，则可降其火

檀香

性，提高功效，使香品更加温润，易与其他香材和合，香气更稳定持久。

檀香也是一味重要的药材，有理气和胃、改善睡眠、安和心智等功效，历来为医家所重视。檀香精油可消炎去肿、润肤护肤、防止蚊虫；檀香熏香可杀菌消毒，祛瘟避疫。

檀香在佛教中很受推崇，用途也很广，常称"旃檀"（音译），佛寺常尊称为"檀林""旃檀之林"。据唐《慧琳音义》的解释，"旃檀"有"与乐"（给人愉悦）之意："旃檀，此云与乐。谓白檀能治热病，赤檀能去风肿，皆是除疾身安之乐，故名与乐也。"据说，佛家及道家修行有成的大德，能从劳宫等窍穴散出香气，谓之"性香"，其味与檀香相似，这或许也是佛教推崇檀香的原因之一。

清香而质坚的檀香木也是一种高档的雕刻材料，常用之制成雕像（佛像）、念珠、扇骨、箱匣等物。

檀香现在主产于印度、印度尼西亚、澳大利亚以及太平洋岛屿等地。我国南方也有出产，但现在主要依靠进口。古典家具所用的"檀香紫檀""降香黄檀""海南檀""青檀木"等木材，与檀香、檀香树（檀香科）并非一物。

"檀香紫檀"，即紫檀木，属豆科紫檀属；"降香黄檀"与"海南檀"属豆科（蝶形花亚科）黄檀属；"青檀木"则属榆科青檀属。

龙脑香

龙脑香取自龙脑香属树种的树脂，该科的其他属种也有可产龙脑香者。

龙脑香

全世界龙脑树种约 16 属五百多种，主产于热带、亚热带地区。我国海南、两广地区等也多有龙脑树种，约 5 属二十余种，如坡垒、青梅、望天树（擎天树）等树种。近年国内有龙脑樟种植，并通过蒸馏提取龙脑，但与天然龙脑在香气方面有很大区别，龙脑樟中提取的龙脑中混杂有樟脑的气味。

天然龙脑晶体多形成于生长状态的树干裂缝中，小者为细碎的颗粒，大者多为薄片状，以片大整齐、香气浓郁、无杂质者为佳。龙脑树的树脂干燥后可形成近于白色的结晶体，古称"龙脑"，以示其珍贵，也称片脑、冰片、（固布）婆律、瑞脑等。亦有液态的龙脑树脂，古称"婆律膏""油脑"。

状如梅花片而色如冰雪的龙脑为上品，古代也称"梅花脑""冰片脑"；品级差些的颗粒，状如米粒者常称"米脑"；晶体颗粒与木屑混在一起的，常称"苍（龙）脑"。

龙脑树外形似杉树，树体粗大高耸，可达四五十米以上，是热带雨林高层空间的重要植物。龙脑树的树脂含量丰富，凿开树干或树枝，便能渗出液态树脂，也可用这种树脂制成龙脑晶体。其木材、叶、花、果实也都含香脂，也能提取龙脑香。古代就已能用加热蒸馏的方法（"火逼成片"）制取龙脑晶体，也有专门的办法来存储："龙脑香及膏香………合粳米炭、相思子贮之。"天然龙脑质地纯净，熏燃时香气浓郁且烟甚小，在东西方都被视为珍品，古代还常用作"国礼"。佛教中的龙脑既是上等供品，也是"浴佛"的主要香药之一，更被列入密宗的"五香"（沉香、檀香、丁香、郁金、龙脑）之一。出产龙脑的地区还常用龙脑树膏作供佛的灯油。

中医常把龙脑称为"冰片"，将之归于"芳香开窍"药，认为它"芳香走窜"，内服可开窍醒神，适用神昏、惊厥诸症，外用可清热止痛，治疗疮疡、肿痛、口疮等疾。安宫牛黄丸、冰硼散等许多著名成药都含有龙脑。据《本草纲目》记载，用纸卷捻起龙脑，烧烟熏鼻，还可治愈很多头痛病。

龙脑香也常用于美食。夹有龙脑的槟榔是南洋贵族们的上等食品，中国的宫廷御宴有燕窝配龙脑的"会宴"，宋代著名的贡茶"龙凤茶团"也使用了麝香和龙脑。

麝香

麝香为雄性麝属（*Moschus*）动物麝香腺的分泌物，贮存于麝香囊中。麝香囊位于雄麝肚脐后方，香腺分泌的初香液在香囊中经过数月的贮存和熟化，形成粉状或颗粒状的"麝香仁"，质优者常呈颗粒状或不规则的圆形，光亮油润（麝香仁不便使用，常再制成溶液）。将香囊取下，阴干，即为"毛壳麝香"。

麝属动物有原麝、马麝、林麝、黑麝、喜马拉雅麝 5 种，常称麝鹿。麝虽属于鹿科，但体型很小，高度和长度都在 1 米以内，体重也只有几十斤，头顶没有角，雄兽犬齿发达，形成"獠牙"。它们喜欢生活在海拔较高的山区和高原，一般单独活动，其嗅觉、视觉、听觉都很灵敏，且胆怯、机警、行动轻捷，善于奔越悬崖峭壁，是一种很"灵"的动物。它们一般凌晨开始觅食，天亮后休息，黄昏后又开始活动，直到午夜。麝鹿的活动、排便、栖息都有固定的路线和场所，不轻易改变。

麝香可以帮助麝鹿传递信息，在繁殖期则有吸引异性的作用。雄麝从 1 岁就开始分泌麝香，3—12 岁是旺盛期，要形成较好的麝香仁则要到 8 岁以上。在冬季和初春的交配期，麝香的分泌更旺，气息更浓，人们也多在此时取香。

中国使用麝香的历史悠

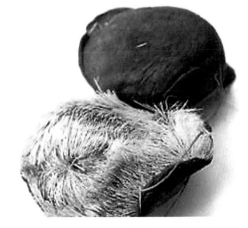

麝香

久，也是麝香的原产地和主产地，麝香的质量与产量一直居世界首位。三千多年前的甲骨文里已经有了"麝"字，《山海经》也有关于麝鹿的记载。约在2000年前，中国的麝香就已传入欧洲并备受推崇。

自古以来，麝香就是名贵药材，现存最早的本草典籍《神农本草经》即记载麝香为"上药"："麝香，味辛温，主辟恶气，杀鬼精物，温疟，蛊毒，痫痓，去三虫，久服除邪，不梦寤魇寐。"麝香药效神奇，对中枢神经系统、呼吸、脉搏、血压等均有显著影响，叮开窍醒神、活血通经、消肿止痛，对昏迷、癫痫、心绞痛、难产等多种病症均有显著疗效。很多著名的中成药，如安宫牛黄丸、大活络丹、六神丸、苏合香丸、云南白药、香桂丸等都含有麝香。西药也常用麝香作强心剂、兴奋剂等。

麝香的气息浓郁且经久不散，但并无"芳香"之感。若以微量麝香与其他香药（香料）搭配使用，则能使香气更为稳定持久，并能产生一种特殊的灵动感和"动情感"。麝香是传统香的重要香药，也是最早被使用的香药之一。古人很早就认识到麝香虽然奇妙，但用量须微，"麝本多忌，过分必害"。陆游还有诗写用麝香和制熏香："小斫海沉非弄水，旋开山麝取当门。""当门"即指麝香；"海沉"指海南沉香。沉香逊者半沉，也称"弄水香"。

由于长期的过度捕杀，中国的野生麝鹿资源已大为减少，麝属动物已列入国家级保护动物。现在的麝鹿养殖取香时也不再是以前的杀麝取香，而是活体取香，即从香囊口掏取麝香仁，这提高了麝香产量，也大大减少了对野生种群的破坏。在和香时，为了减少对野生动物的杀戮，建议可用麝香木或麝香草代替麝香。只要和香得法，同样可以取得极好的效果。

4. 传统和香中其他常用香药

龙涎香

龙涎香是抹香鲸属（*Phyester*）动物抹香鲸肠胃的病态分泌物（过去认为只有雄鲸出产龙涎香，今知雌鲸也能产香）。因龙涎香数量稀少，功效独特，常被誉为"灰色的金子"。6世纪时，印度洋沿岸的阿拉伯人已经在使用龙涎香了。龙涎香在阿拉伯语中的发音近似"ambar"，中国古代音译为"阿末香"，后来也将出产阿末香的鲸鱼称为"抹香鲸"。

抹香鲸体形巨大，成年雄鲸体长约15—20米，雌鲸略小，潜水可达千米以下，喜欢吞食头足纲动物如巨乌贼、章鱼等，但这些动物体内坚硬、锐利的部分如角质喙等难以完全被消化，有时还会划伤鲸鱼的肠道。在这些残存

龙涎香

物的刺激下，其消化道内会出现一些特殊的分泌物如龙涎香物质，该物质可医治肠道的伤口并将那些尖锐之物"包裹"起来。

分泌物（龙涎香物质）常常与角质喙等残存物一起从鲸口吐出，或在鲸鱼的尸体腐烂后漂到海面。刚刚排出的"龙涎香"为偏黑的黏稠物，有浓重的腥臭气（若此时取用，则需特殊处理）。此后，经阳光的曝晒，空气的催化，海水的浸泡，其会渐渐变硬而成为蜡状的固体，杂质也越来越少，颜色越来越浅，由最初的偏黑色变为灰褐色、灰色，最后近于白色，腥臭味也慢慢减退以至消失，并逐渐出现香气，最后成为成熟的龙涎香。一般说来，龙涎香在海上漂浮的时间越长，颜色越浅，其品质也越好，故白色的龙涎香也更为贵重，而其形成往往需要几十年乃至上百年的时间。天然的龙涎香是成"块"的，小者仅几两，大者则在数十斤以上。

龙涎香挥发极其缓慢，留香时间甚长，其他任何一种香药（香料），包括以留香持久而著称的麝香都远远不能与之相比，西方还有"龙涎之香与日月共存"的美誉。实际上绝大多数的龙涎香并无明确的芳香，而是一种含蓄的、难以言明的气息，一般不单独使用，而是和入其他香药，使整体香气得到增益并使香气更为持久。龙涎香的烟有很强的聚合性，古人谓之"翠烟浮空，结而不散"。

域外香药中，龙涎香进入中国的时间可能是最迟的。晚唐《酉阳杂俎》有关于龙涎香的较早记载："拨拨力国，在西南海中，不食五谷，食肉而已。……土地唯有象牙及阿末香。""阿末香"即龙涎香的音译，"拨拨力国"盖指东非索马里半岛的柏培拉（Berbera）。进入宋代之后，对龙涎香的记载才比较多见。古代诗词也常写龙涎香，如杨万里有："送以龙涎心字香，为君兴云绕明窗。"王沂孙有："一缕萦帘翠影，依稀海天云气。"

古人在海上或岸边拾获龙涎，但对其来历不甚明了，东西方都有许多猜测和传说，或说它是一种特殊的菌类植物，或说是海上大鸟的粪便，或说是漂在海上的蜂蜡等。11 世纪的著名医学家阿维森纳（著《医典》）是最早论述龙涎香的学者之一，他认为龙涎香产于海底，是被深海涌出的强烈水流带到了海面。宋代时，中国对龙涎香已有较多了解，知道阿拉伯海域出产龙涎，知道龙涎香初期是漂浮在水上的"涎沫"，日久才变成固态等，不过那时人们常认为是盘踞在海岛上的"龙"吐出了这种珍贵的"涎沫"。

抹香鲸喜欢群居，活动范围广，因生殖和觅食需要还要进行南北洄游。从大洋中心到海滩，到处都能见到它们的身影，是名副其实的"四海为家"，所以，世界各地的海域也都能发现龙涎香。

丁香

丁香取自桃金娘科蒲桃属（*Syzygium*）植物丁子香树的花蕾。丁子香树过去也称丁香树，并非中国北方多见的"丁香"，而是原产于南洋热带岛屿的一种香树，也称"洋丁香"，高 10 米以上，花蕾有黄、紫、粉红各色，未开的花蕾晒干后呈红棕色。除了花蕾和果实，其干、枝、叶也可提炼丁香精油。我国多见的丁香树为木樨科丁香属植物，可生长在温带（甚至寒带）地区，其花也有浓香，但精油含量远低于热带地区的丁子香。

古代常用丁香"香口"，含在口中以"芬芳口辞"。借公鸡善鸣之意，称之为"鸡舌香"（一说是由于状如鸡舌）。又因丁香圆

丁香

头细身，状如钉子，故也称"丁子香"。除了花蕾（鸡舌香），丁子香树的果实也有香气可入药。花蕾香气浓、个头小，称"公丁香"；果实香气淡、个头大，称"母丁香"。由于花蕾也曾被称为"雌丁香"，名称较杂，后来统一将果实称为"母丁香"（或丁香母），花蕾称为"丁香"或公丁香、雄丁香。

我国使用丁香的历史悠久，南洋的丁香在汉代就已传入我国，称"鸡舌香"。"香口"是丁香的一大特有功效，汉朝尚书郎向皇帝奏事时要口含鸡舌香，后世便以"含香""含鸡舌"指代在朝为官或为人效力，如白居易："口厌含香握厌兰，紫微青琐举头看。"王维："何幸含香奉至尊，多惭未报主人恩。"古代女子也喜用丁香香口，如欧阳修："丁香嚼碎偎人睡。"李煜："沉檀轻注些儿个，向人微露丁香颗。"都是描写口含丁香的美人。不过，古代诗词中的"丁香"大多是指木樨科的丁香。

古代的"香口剂"（似口香糖）也常使用丁香。如孙思邈《千金要方》记载的"五香圆"，就是一种用丁香、藿香、零陵香等制成的蜜丸，"常含一丸，如大豆许，咽汁"，可治口臭、身臭，令"口香、体香"。

丁香也是一味重要药材，能杀菌、镇痛、暖脾胃、温中降逆、补肾助阳，更是治口臭的良药。现在仍用于制作牙膏、漱口水、肥皂等物，以其杀菌功能治疗龋齿、溃疡、口臭等口腔疾病。饮酒前服用丁香，还可增加酒量，不易醉酒。

丁香原产于马鲁古群岛，传入欧洲后被视为珍物。自15世纪开始，南洋群岛的丁香一直是葡、荷、英、法等欧洲列强争夺的重要物品。麦哲伦环球航行结束时，还从南洋带回了数十斤丁香，令西班牙国王大为欢喜。18世纪后，随着亚洲、非洲及加勒比海地区丁香的广泛栽培，丁香产量大增，使用范围也逐步扩大。丁香现在主产于坦桑尼亚的奔巴岛、桑给巴尔岛和马达加斯加等地。

乳香

乳香取自橄榄科乳香属（*Boswellia*）树种的油胶树脂（树脂、树胶、挥发油等）。

虽然乳香自古名贵，但乳香树是一种其貌不扬

乳香

的灌木（或小乔木），树体低矮，枝干扭曲，多刺，树叶也小而皱。采收乳香时，在树干上割出伤口，切口处便会渗出乳液状的白色树脂，几周后便凝固成半透明的颗粒，为乳头状、泪滴状或黏结成不规则的团块。质地坚脆，遇热则软，与水共研能成乳液，若在口中咀嚼，则碎成小块，软如胶。乳香焚烧时香气典雅，并有灰黑色的香烟。

阿拉伯语中的乳香是"乳汁""奶"的意思。中国古代早期称之为"熏陆"香，盖为音译，后来称"乳香""乳头香"，则主要是意译。

乳香与没药堪称是西方历史最悠久、最重要的两种香药，在古代就被奉为珍品，广用于宗教、养生、医疗、美容等方面。乳香也是西方最重要的一种熏烧类香药，气息典雅而烟气明显，很适于营造神圣的气氛。古埃及、古巴比伦、古罗马的神庙在各种宗教活动中常熏烧乳香。

在基督教和犹太教中，乳香也有很高的地位。《圣经》提及最多的香药就是乳香与没药，书中的许多"雅歌"以各种方式赞美了这两种香药，并且还有三贤士献乳香与没药的记载：耶稣降生在伯利恒后，东方（多认为是伯利恒的东方，今伊朗和阿拉伯半岛一带）的三个"博学之士"赶去参拜耶稣，献上的3种礼物就是黄金、乳香和没药。

《圣经·出埃及记》记载的用于熏烧的"圣香"，即用乳香、香螺、白

松香和"拿他弗"（常认为是指苏合香）制成。中国香药中的"甲香"也取自一种香螺，或许与此"香螺"有相似之处。

阿拉伯人在公元前2000年就已开始使用乳香。古代阿拉伯的医生还常用乳香治疗心脏、肾脏等多种疾病，出诊前也常用浓烈的乳香熏衣以防止被病人传染。在历史上，阿拉伯半岛南端的也门和阿曼曾是乳香的主产地，所产乳香常年通过驼队运往罗马、波斯（今伊朗一带），并逐渐形成了一条卓有影响的商路"乳香之路"。运到波斯等地的乳香还可经丝绸之路再运往中国、印度等远东地区。

乳香很早就已传入中国，也是传统香最重要的香药之一。3世纪的《南州异物志》已有关于乳香（熏陆）的较为准确的记载，谓之"状如桃胶"，是大秦国海边沙中香树的树胶（《法苑珠林》卷三六引）。《三国志·魏志》裴松之注引《魏略·西戎传》亦载大秦出产熏陆（盖为也门和阿曼出产的乳香）。魏晋南北朝时，乳香已有较多使用并收入本草典籍《名医别录》。除了用于制香，乳香也是常用的中药材，可行气活血、消肿生肌，用于治疗多种疾病。

在历史上，阿曼的佐法尔地区曾是中国乳香的重要供应地，也是"海上丝路"的重要港口。今天的阿曼依然盛行熏烧乳香，商场、酒店、咖啡馆，处处都能见到飘散的香烟。该地也使用乳香制作的香水，并且男女皆用，男子的领口处还垂有专门用以洒香水的缨子。用香风气之盛，宛如宋时的中国，而男子的缨子更让人想起先秦"衿缨皆佩容臭"的风俗（少年男女的衣穗上常要挂个香包）。

乳香现在主产于索马里、埃塞俄比亚、也门、阿曼等地。

苏合香

苏合香取自金缕梅科枫香树属（*Liquidambar*）树种的香树脂。其成品常为半透明状的浓稠膏油，呈黄白色，或更深的棕黄、深棕色，密度较大，入水即沉，质地黏稠，"挑"起则连绵不断，常称苏合油、苏合香油。也可用渗有树脂的树皮等做成固态的苏合香。

将苏合香树割伤并深及木质部，树脂便会慢慢渗入树皮。数月后剥下树皮并榨取（用压榨、水煮等方法）树脂，就得到了黏稠的苏合香油。也可再作纯化处理，将之溶解于酒精中，成为流动的液体，滤掉杂质，蒸去酒精，就可得到更纯的膏油。苏合香油常贮存于注入清水的铁筒中，使膏油没于水中（不溶于水），可防香气散失。

苏合香是重要的芳香开窍类药材，能开郁化痰，行气活血。今绝大多数治心绞痛的急救中药都含有苏合香。南北朝时期的《名医别录》已收载苏合香并将之列为上品，谓之"辟恶，杀鬼精物"，"去三虫，除邪，令人无梦魇，久服通神明，轻身长年"。《本草纲目》言："苏合香气窜，能通诸窍脏腑，故其功能辟一切不正之气。"著名的中成药"苏合香丸"就是用苏合香、檀香、安息香、沉香等制成。据《梦溪笔谈》载，宋真宗还曾以苏合香酒赐臣下调补身体。

从文献记载来看，苏合香也是最早传入中国的树脂类香药之一，东汉时已多有使用并深受推崇。东汉乐府诗《艳歌行》有："被之用丹漆，熏用苏合香。"东汉权臣窦宪（击溃匈奴的功臣），还曾专门遣人到西域采置苏合香："窦侍中令载杂彩七百匹，白素三百匹，欲以市月氏马、苏合香。"（《全后汉文·与弟超书》）魏晋南北朝的上层社会也流行使用苏合香，如梁武帝萧衍《河中之水歌》有："十五嫁为卢家妇，十六生儿似阿侯。卢家兰室桂为梁，中有郁金苏合香。……人生富贵何所望？恨不早嫁东家王。"

苏合香现在主产于土耳其、埃及、印度等地。

安息香

安息香取自安息香科安息香属（*Styrax*）树种的香树脂。其成品略似乳香，

安息香

多为扁球形颗粒,或压结成团块,大小不等,表面粗糙不平,呈橙黄色至深棕色,断面呈乳白色。质地坚脆,遇热则变软。

古代的安息香最早是从西域安息(今伊朗一带)传入,安息是音译,后世则借其祛除病邪的功能而解释为"使病邪安息",如《本草纲目》载:"此香辟恶,安息诸邪,故名。"古代也将安息香树称为"辟邪树"。其树体高大,较矮的品种也在5—10米,高者则达数十米。常在夏秋两季取香,取香时在树干上割出三角形或直线形的伤口,数日后将先流出的黄色树汁取下,后渐渐流出白色的香树脂,略干即可采集。

安息香在西晋时已进入中国并成为制香的一种重要香药。但它本身不宜单烧,适合搭配其他香药,"能发众香",使整体香气更为醇厚、持久。安息香也是一味常用药材,有开窍、清神、行气等功效,可用于治疗中风、昏迷、心腹疼痛、腰痛等症。

佛教对安息香尤为推重。《晋书》载有天竺高僧佛图澄"烧安息香"之事:西晋永嘉年间遇旱,泉源枯竭,佛图澄带领弟子赶到源头处,"烧安息香,咒愿数百言,如此三日,水泫然微流",而后水满沟壑。

安息香现在主产于老挝(也是该国最重要的特产之一)、印度尼西亚、越南、泰国等地。我国云南、广西、广东、海南等地也有出产。

降真香

降真香取自豆科黄檀属(*Dalbergia*)植物根部的心材,如小花黄檀

（*D.parviflora*）、印度黄檀（*D.sissoo*），又名降香、鸡骨香。其质优者颜色呈紫红色，又名紫藤香（与植物"紫藤"无关）。

这几种树并不粗大，直径一般都在 30 厘米以内。心材颜色呈较深的红褐色，边材颜色偏淡黄，心、边材有明显的差异。越靠近根部和树心，质地越好。心材纹理致密，香气浓郁，还有很强的耐腐蚀性，有的降真香木在酒中浸泡数十年也不会腐烂。

降真香是传统香的一种重要香药，道教尤为推崇，认为其香可上达天帝，常在斋醮仪式中用来"降神"，故得降真之名。还常用降真香招引仙鹤，如《本草纲目》引《海药本草》记载：降真香，"拌和诸香，烧烟直上，感引鹤降。醮星辰，烧此香为第一，度箓功力极验"。道教认为仙鹤"孕天地之粹，得金火之精"，如有仙鹤降临，则斋醮也必灵验。

降真香还可止血定痛，消肿生肌，治疗折伤、刀伤。据唐《名医录》载：

海南降真香　　　　　　　　　　原生态降真香

"周密被海寇刃伤，血出不止，筋如断，骨如折，用花蕊石散不效。军士李高用紫金散掩之，血止痛定，明日结痂如铁，遂愈，且无瘢痕。叩其方，则用紫藤香瓷瓦刮下研末尔。"

药用降真香也常取材于黄檀属的另一个树种降香黄檀（*D.odorifera*），其心材有类似降真的香气和颜色。相比而言，这个树种更为粗大，树径可达80厘米，在古代为一种极为名贵的木材，宫廷家具所用"黄花梨"就是这种降香黄檀。

郁金

"郁金"一词在古代的用法不统一，约东汉之后，数种芳香植物都曾被称为郁金，其中一类"郁金"是指在我国多有分布的姜科姜黄属（*Curcuma*）植物，主要使用其根。这也是"郁金"一词的主要用法，历史最久，应用范围最广，今中医学仍然使用。一般认为，上古祭祀所用的香酒"鬯"（郁鬯）中的"郁金"，即指此类姜科植物。姜黄属的多种植物都可出产郁金，包括郁金（*C.aromatica*）、姜黄（*C.longa*）、莪术（*C.phaeocaulis*）等。这些植物也常称"郁金香草""郁金草"，形似美人蕉，高约一米，块根赤黄芳香，常在冬季或早春挖取，分布于浙江、四川、广西、云南、陕西等地区。郁金也是常用中药材，有理气、活血、和胃等功效。

另一类"郁金"是指不产于中国的"进口"植物，主要使用植物的花。例如，鸢尾科番红花属（*Crocus*）植物番红花（藏红花、西红花），其实际产地为西班牙等国，常由

郁金（菊科）

印度运入西藏，再转运至内地，故得藏红花之名。西藏不产藏红花，但引种有菊科红花属（*Carthamus*）植物红花，又名刺红花、红蓝花。此花原产于埃及，后引种到巴基斯坦、印度、中国等地。

此外，据笔者初步考察，一些晋唐文献所载的"郁金""郁金香"很可能就是指现在所说的（百合科的）郁金香。其原产地为土耳其、阿富汗一带，16 世纪后引种到欧洲，现已遍及世界各地。如《南州异物志》云："郁金，出罽宾，国人种之，先以供佛，数日萎，然后取之。色正黄，与芙蓉花裹嫩莲者相似。"《唐会要》卷一〇〇："伽毗国献郁金香，叶似麦门冬，九月花开，状如芙蓉，其色紫碧，香闻数十步，花而不实，欲种者取其根。"此郁金显然不是指鸢尾科的番红花，而正似百合科的郁金香。《南州异物志》所言"罽宾国"大致在今喀布尔河下游及克什米尔一带。晋傅玄有《郁金赋》："叶萋萋以翠青，英蕴蕴而金黄。树庵蔼以成荫，气芳馥而含芳。凌苏合之殊珍，岂艾网之足方。荣耀帝寓，香播紫宫。吐芬杨烈，万里望风。"这应也是写百合科的郁金香。

豆蔻

豆蔻有草豆蔻、白豆蔻、红豆蔻、肉豆蔻等，是和香的常用原料。草豆蔻又名草果，微苦，辛辣芳香，但药性温和。白豆蔻又称白蔻、蔻仁，皮色黄白，含有油性，香气柔和但有辣味。红豆蔻也称红蔻、玉果，有辣味和较浓烈的香气。

草豆蔻、白豆蔻均为姜科植物干燥近成熟的种子。红豆蔻是姜科植物大高良姜的成熟果实。它的表皮为红棕色或暗红色，略皱缩，外观呈长球形，中部略细。肉豆蔻为肉豆蔻属常绿乔木植物，冬、春两季果实成熟时采收。其种仁除和香外能入药，可治虚泻冷痢、脘腹冷痛、呕吐等。外用可作寄生虫驱除剂，治疗风湿痛等。此外，还可作调味品、工业用油原料等。肉豆蔻是一种重要的香料、药用植物。

海南大高良姜

高良姜

高良姜，别名风姜、良姜、小良姜。性辛热，归脾胃经，为姜科植物高良姜（*Alpinia officinarum*）的干燥根茎。夏末秋初采挖，除去须根和残留的鳞片，洗净，切段，晒干，酒炮制，是和香常用香药。

蒿本

蒿本，中国药典正名为藁本。别名为香藁本、藁茇、鬼卿、地新、山茝、蔚香等。为伞形科植物藁本或辽藁本的干燥根茎和根。深秋或春天出苗时采挖，除去泥沙，切片、晒干。气浓香，味辛、苦、微麻，是和香的传统香药之一。

山奈

山奈，多年生宿根草本植物，姜科山奈属山奈的根茎。又名沙姜、三奈、三奈子、山辣等，是著名的香药、中药及调味品。

三奈，味芳香，药性温，味辛，能温中化湿、行气止痛，是传统和香中常用的香药之一。

玄参

玄参，又名元参、黑参。为玄参科草本植物的根，味甘、苦、咸，性微寒，入脾、胃、肾诸经。有清热凉血、滋阴降火、解毒散结的功效。

第三章　香　品

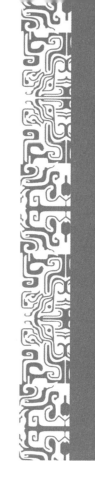

1. 中国传统香

中国的香，历史久远，远到与中华文明同源。近可溯及两千多年前战国时期的鸟擎铜博山炉及汉武帝的鎏金银竹节熏炉，远可溯及三千多年前殷商时期"手持燃木的祭礼"，再远则有四千多年前龙山文化及良渚文化的陶熏炉，还有 6000 年前城头山遗址的祭坛及更早的史前遗址的燎祭遗存。古代的香取材于芳香药材，也有各种配方，不仅芬芳馥郁，还能颐养身心，祛秽疗疾，通窍开慧。所以，历代的帝王将相、文人墨客、僧道大德皆用香、爱香、惜香，自西汉以来的两千多年间，中国的上层社会始终以香为伴，对香推崇有加。

香，陪伴着中华民族走过了数千年的兴衰风雨，它启迪英才大德的智慧，濡染仁人志士的身心，架通人天智慧的金桥，对中国哲学与人文精神的孕育也是一种重要的催化与促进。它是中华文化的脉，是无形的力量。物虽微而位贵，乃传统文化的和脉之品。

祭祀用香与生活用香

古代文献对先秦用香的记载大都与祭祀有关，所以许多人也以为中国的香（与香炉）起源于祭祀。而从目前笔者了解的情况来看，中国用香的发展一直有两条并行的线索：祭祀用香与生活用香，并且都可追溯至上古乃至远

古时期。

祭祀用香的历史久远。早期的祭祀用香主要体现为燃香蒿、燔烧柴木、烧燎祭品及供香酒、供谷物等祭法。如甲骨文记载了殷商时期"手持燃木"的"柴（柴）"祭，《诗经·生民》记述周人的祖先在祭祀中使用香蒿（"萧"），《尚书·舜典》记述舜封禅泰山，行燔柴之祭。从考古发掘来看，燔烧物品的"燎祭"很早就已出现，可见于距今六千多年的湖南城头山遗址及上海崧泽遗址的祭坛。距今5000—4000年，燎祭的使用已十分普遍。现在祭祀仪式中的"焚香"也并非来自"烧燎祭品"，早期祭祀已使用"香气""烟气""烧燎祭品"等多种方法，而更像是"香气"与"烟气"的结合。

生活用香的历史也同样悠久。不仅可溯及先秦时期的精美熏炉、熏焚草木驱虫及佩戴香物、沐浴香汤等，还可溯及四五千年前新石器时代末期作为生活用品的陶熏炉。如辽河流域发现了5000年前的陶熏炉炉盖（红山文化），黄河流域发现了四千多年前的蒙古包形灰陶熏炉（龙山文化），长江流域也发现了四千多年前的竹节纹灰陶熏炉（良渚文化）。其样式与后世的熏炉一致而异于祭祀用的鼎彝礼器，并且造型美观，堪称新石器时代末期的"奢侈品"。可以说，在中华文明的早期阶段，祭祀用香与生活用香就已出现，也从一个独特的角度折射出早期文明的灿烂光辉。

生活用香为主导

古代的香虽然也用于祭祀如宗庙、佛寺、道观等，但更多的是用于人们的日常生活，并且功用甚广，包括居室熏香、熏衣熏被、祛秽致洁、养生疗疾，等等。客厅、卧室、书房、宴会、庆典，朝堂、府衙等政务场所，以及茶坊、酒肆等公共场所都常常设炉熏香。对文人士大夫及生活优越的官贵们来说，香更是生活中的必有之物。实际上，早在唐宋时期，香就已成为古代社会的一个重要元素，与日常生活息息相关。读书办公有香，吟诗作赋有香，抚琴品茗有香，参禅论道有香，天子升殿、府衙升堂有香，宴客会友、安寝如厕有香，婚礼寿宴有香，进士考场有香……

生活用香一直是推动香文化发展的主要力量，从西汉的跃进、两宋的鼎盛到明清的广行皆如此。西汉香炉的普及、香药品类的增加以及熏衣熏被、居室熏香、宴饮熏香等用途都属生活用香的范畴。可以说，熏香在西汉兴起时即被视为一种生活享受，一种祛秽养生的方法。在"巷陌飘香"的宋代，香也有浓厚的世俗生活色彩，其极端代表即南宋杭州歌妓出没的酒楼上，也有备着香炉的"香婆"随时为客人供香。

香炉及沉香、苏合香等香药的使用很可能也是源于生活用香。较早的香炉可溯至西汉及战国时期的熏炉，其前身并非商周祭祀用的鼎彝礼器，而是5000—4000年前作为生活用品出现的陶熏炉，是沿生活用香的脉络发展而来，即"新石器时代末期的陶熏炉（生活用香）—先秦、西汉的熏炉（生活用香）—魏晋后的熏炉（生活用香兼祭祀用香）"。香炉源于礼器之说流传较广，如《辞海》"香炉"引宋赵希鹄《洞天清禄集·古钟鼎彝器辨》："今所谓香炉，皆以古人宗庙祭器为之。"

据笔者初步考察，魏晋后祭祀常用的香炉及各种香药似是"借"用了生活用香发展而来的。公元前120年前后，熏香在西汉王族阶层已流行开来，至少一百多年之后，才有汉晋道教、佛教兴起并倡导用香，属于生活用香的熏炉（包括博山炉）和香药才逐步扩展到祭祀领域。汉代的祭祀用香与先秦相似，主要表现为燃香蒿、燔柴等祭法，生活用香则使用熏炉以及沉香、苏合香等多种香药。魏晋之后，祭祀用香也开始使用熏炉和沉香等香药。迟至梁武帝天监四年（505），郊祭大典才首用焚香之礼，用沉香祭天、上和香祀地（有别于前代的燔柴、燃香蒿等祭法）。（《隋书·礼仪志》）迟至天宝八载（749），唐玄宗诏书"三焚香以代三献"，皇室祭祖才开始用焚香。（《通典·禘祫》）

香气养性的理念

古人很早就认识到，需从"性""命"两方面入手调和才能达到养生、养性的目的，而香气不仅芬芳怡人，还能祛秽致洁、安和身心、调和情志，对于养生、养性有颇高的价值。可以说，"香气养性"正是中国香文化的核心理念与重要特色，与儒家"养性论"有密切的关系。如荀子《礼论》曰："刍豢稻粱，五味调香，所以养口也。椒兰芬苾，所以养鼻也。……故礼者养也。"

性命相合得养生、性命相合得长生是中华民族古老智慧的结晶。中国的香文化是养性的文化，也是养生的文化，对于主张修身养性、明理见性、以"率性"为主旋律的中国文化来说，更是一个不可或缺的部分。可以说，香文化的形成与繁盛也是中国文化发展过程中的一种必然现象。

"香气养性"的观念贯穿于香文化的各个方面。就用香而言，不仅用其芳香，更用其养生、养性之功，从而大大拓展了香在日常生活中的应用，并进一步引导了生活用香，使品香、用香从享受芬芳进而发展到富有诗意、禅意与灵性。就制香而言，则是遵循法度，讲究配方、选药、制作，从而与中医学、道家的养生学及炼丹术、佛医学等有了密切的联系，并很早就将香视为养生、养性之"药"，形成了"香药同源"的传统。如范晔《和香方序》云："麝本多忌，过分必害；沉实易和，盈斤无伤。零藿虚燥，詹唐黏湿。"（《宋书·范晔传》）古代的许多医学家对传统香的发展都卓有贡献，如葛洪、陶弘景、孙思邈、李时珍，等等。《神农本草经》《千金方》《名医别录》《肘后方》《本草纲目》等历代医书都有许多关于香药或香的内容。

所以，古人使用的香也是内涵丰厚的妙物。它是芳香的，有椒兰芬苾，沉檀龙麝。它又是审美的，讲究典雅、蕴藉、意境，有"香之恬雅者、香之温润者、香之高尚者"，其香品、香具、用香、咏香也多姿多彩、情趣盎然。它还是"究心"的，能养护身心，开启性灵；在用香、品香上也讲究心性的领悟，没有拘泥于香气和香具，所以也有了杜甫的"心清闻妙香"，苏轼的"鼻观先参"，黄庭坚的"隐几香一炷，灵台湛空明"。它贴近心性之时，也贴近了日常生活，贴近了普通百姓。虽贵为天香，却不是高高在上的、少数人的专有之物。可以说，中国的香文化能较早兴起、长期兴盛、广行于"三教九流"，都大大得益于"香气养性"的观念。

原料·炮制·配方

传统香与中药及道家的丹药很相似，在选药、炮制、香方、配伍、合料、出香等方面都非常考究。古代使用的香以"和香"为主，单一香药制成的"单品香"较少。和香，作名词时，指多种香药配制的香丸、香粉、香膏等，常有特定配方；作动词时，指"制香"，将多种香药和为一体，类似"和药"。

取材于中药材

传统香所用的原料大都属于中药材。香气明显的药材在古代常称"香药"，约明代后才常称"香料"，大致相当于现在所说的"天然香料"。例如，秦汉之前所用的绝大多数香药都收入了《神农本草经》，很多品种还被列入"上药"，谓之"养命以应天"，"轻身益气，不老延年"，"多服久服不伤人"，如麝香、木香、柏实、甘草、兰草、菊花、松脂、丹砂、硝石（用于助燃）、箘桂、牡桂、辛夷、雄黄，等等。魏晋南北朝时的《名医别录》也已收载了多种新增香药，如沉香、檀香、乳香（熏陆香）、丁香（鸡舌香）、苏合香、青木香、香附（莎草）、藿香、詹唐香，等等。沉香、乳香、苏合香等也被列为"上药"。

讲究炮制

大多数香药都要经过"炮制"（特殊的处理）才能用于制香，否则即使品质优良，也仍然是"生"药，若直接使用，未必有好的功效，甚至会适得其反。恰当的炮制则可加强或改变原料的药性，使其功效充分发挥并消除可能存在的副作用。所以，香药炮制是一个非常重要的环节，对香的品质有很大影响。

炮制的方法、火候也有较多要求，"不及则功效难求，太过则气味反失"，甚至对炮制的时间、容器的质地也有很多讲究。其基本方法与中药材的炮制相似，有蒸、煮、浸、炒、炮等，也常使用酒、茶、蜂蜜、梨汁、米泔等各种辅料。例如，常用茶浸、炒等方法炮制檀香以减其火气。具体的方法则要据香的用途及香药特点而定，同种香药用于不同的香方，其炮制也常有差异。

讲究配方

每种香药都有各自的价值，也都有各自的短处，通过恰当的搭配使它们相辅相成，导顺治逆，扬长避短，正是和香之妙。所以，传统香在汉代时就很重视香药的配伍使用，也很早就形成了香方的概念。香方的确立需要综合考虑香的功效用途、香气特征、使用方法等多种因素，据之确定香药的品种、用量及相应的炮制方法，只有君臣佐辅各适其位，才能使不同香药尽展其性。此外，不同类别的香在用料上也常有所偏好，如沉香、龙脑等多用于佛家香，零陵香、降真香等多用于道家香。

特殊规范

传统香的制作工艺也常有一些带有传统文化色彩的、经验性的规范和诀窍。例如，有的香对原料的产地和出产时间有苛刻要求；有的香对盛放的器皿有特殊禁忌；有些香要求制香地点洁净、制香者德行较好、斋戒；有些香要求炮制、配料、合料、出香等环节需按节气、日期、时辰进行；有些香必须密封窖藏后才能使用。例如，历史上的一种名香"三神香"即要求甲子日配药，庚子日制香，壬子日包装封藏等。再如"百花至宝香"，需用当地三月三日的雪水，并且要窖藏后方能使用。

中国传统香的发展

先秦两汉：原态香材

汉代之前的香品多为"原态香材"，即芳香植物仅经初步加工，这样可较多地保留其天然外观,如香草、香木片、香木块等。常用木炭等燃料熏焚或助燃,所用的香炉也是典型的熏炉,一般形制较大,常有炉盖、壁孔及承盘(承灰或贮水)。

先秦时期,熏香风气已在一定范围内流行开来。战国时已有了制作精良的熏炉、雕饰精美的铜炉,也有早期瓷炉,很可能还有名贵的玉琮熏炉(有西汉墓葬出土了用西周礼器玉琮改制的熏炉,研究认为其很可能制作于战国)。这一时期,边陲与海外的香药尚未大量传入内地,但所用香药品种已较为丰富,亦有适于熏烧的品种,如兰(菊科泽兰属的佩兰、泽兰等)、蕙(唇形科植物)、萧(香蒿,蒿属植物中香气较浓的种类,如青蒿、茵陈蒿等)、茅(禾本科香茅属植物)、芷(多指伞形科当归属的白芷,又称蒚药)、麝香等。

两汉时,随着疆域的扩大及丝绸之路的畅通(海上丝路也已初步形成),边陲及域外的香药(沉香、青木香、苏合香、鸡舌香等)大量进入内地,香药品种大为丰富。不迟于西汉中期,熏香风气便已在王公贵族阶层流行开来,且有室内熏香、熏衣熏被、宴饮娱乐、祛秽致洁等多种用途。熏炉(包括博山炉)、熏笼(为衣物熏香)、香枕等得到广泛使用,也出现了许多高规格的宫廷香具,如汉武帝时的鎏金银高柄竹节熏炉、错金博山炉等。

在西汉前期,已采用"混烧多种香药"的方法调配香气。长沙马王堆一号墓(约公元前160年)即发现了混盛多种香药(辛夷、高良姜等)的陶熏炉。这种"多种原态香材混于一炉"的香品可算是"早期的和香"。在西汉中期,岭南地区还用"多穴熏炉"调配香气,南越王墓曾出土四穴连体熏炉,形如4个方炉相结,可同时焚烧4种香药。

东汉时已有涉及和香的文字记载,如《黄帝九鼎神丹经诀》(古经部分)言:炼丹须选深山、密室等幽静之处,还要"沐浴五香,置加精洁"。五香盖指青木香、白芷、桃皮、柏叶、零陵香。另有宋代典籍有关于东汉和香的内容,其可靠性尚待考察。

魏晋隋唐：和香

这一时期的香品以"和香"为主，也是传统香得到长足发展的重要阶段。该时期较少直接熏焚原态香材，而是依据"香方"，"和会诸香"，将香药炮制、研磨，合成更为精致的香丸、香粉、香饼、香膏等。多用木炭或和制的炭饼来熏烧香品（香丸、香膏等）。和香的种类众多，用途广泛。海外出产的香药大量运入中国，香药资源丰富，品类齐全。此时对各种香药的性能也有了更为深入、系统的了解，绝大多数香药都已收入本草典籍。熏香风气扩展到社会的各个阶层，文人阶层也普遍用香。众多医师、文人、学者及道家、佛家人士对香的发展作出了重要贡献。

三国时期，和香已有了较多使用。如《南州异物志》载：甲香不宜单烧，却能配合其他香药，增益整体的香气："（甲香）可合众香烧之，皆使益芳，独烧则臭。"（《太平御览》卷九八一引）

晋葛洪《抱朴子内篇》对香亦多有论述，如论香之珍贵："人鼻无不乐香，故流黄郁金、芝兰苏合、玄胆素胶、江离揭车、春蕙秋兰，价同琼瑶。"尤为可贵的是，葛洪还专门批判了不重心德修养、不求道理、一味"烧香请福"的做法："德之不备，体之不养，而欲以三牲酒肴，祝愿鬼神，以索延年，惑亦甚矣。……或举门扣头，以向空坐，烹宰牺牲，烧香请福，而病者不愈，死丧相袭，破产竭财，一无奇异，终不悔悟……"烧香而不明理，则如"空耕石田，而望千仓之收，用力虽尽，不得其所也"。

东晋南北朝时，和香的使用已较为普遍，品种也非常丰富。就用途而言，有居室熏香、熏衣熏被、香身香口、辟秽、疗疾及佛家香、道家香等多个类别；就用法而言，有熏烧、佩戴、涂敷、内服、沐浴等；就形态而言，有香丸、香饼、香粉、香膏、香露、香汤，等等。和香的选药、配方、炮制都已颇具法度，并且也很讲究养生功效。

范晔《和香方序》言："麝本多忌，过分必害；沉实易和，盈斤无伤。

零藿虚燥，詹唐黏湿。"（《宋书·范晔传》）据初步考察，《和香方》为目前所知最早的香学（香方）专书，惜正文已佚。

再如《肘后备急方》载陶弘景"六味熏衣香方"："沉香一两、麝香一两、苏合香一两半、丁香二两、甲香一两（酒洗，蜜涂微炙）、白胶香一两。右六味药捣，沉香令碎如大豆粒，丁香亦捣，余香讫，蜜丸烧之。若熏衣加艾纳香半两佳。"

唐代，和香的制作与使用都更为精细，香品功用的划分更为细致，同一用途的香也有多种不同的配方，功用相近却又各具风格。仅《千金要方》所记熏衣香方就有五首，其"方一"（香丸）为："零陵香、丁香……麝香半两。上十八味，末之，蜜二升半……捣五百杵成丸，密封七日乃用之。"

此时已注重从香、形、烟、火等多个方面提高香的品质。如《千金翼方》卷五言及熏衣香丸的制作：香粉需粗细适中，燥湿适度，香药应单独粉碎，"燥湿必须调适，不得过度，太燥则难丸，太湿则难烧，湿则香气不发，燥则烟多，烟多则惟有焦臭，无复芬芳，是故香，须复粗细燥湿合度，蜜与香相称，火又须微，使香与绿烟而共尽"。

在唐代中后期，"隔火熏香"的方法有所流行，也常使用"独立燃烧的和香"，如印香、早期的线香。

宋元明清：独立燃烧的和香，印香、线香、塔香等

这一时期的香，品种更为丰富，制作工艺也更为精良，并且出现了许多"独立燃烧的和香"，如印香、线香、签香等，且常加入炭粉、硝等助燃物，使用更加方便，不必再用木炭等燃料熏烤香品。香炉也呈现出"轻型化"的特点，造型简约，形制较小，出现了大量适于熏烧线香的、无盖或炉盖简易的香炉，如筒式炉、鬲式炉等。熏香的使用更为普遍，社会的用香风气浓厚。文人阶层盛行用香并有很多人参与了香的制作与研究，成为香文化发展的主导力量。

宋代，传统香的制作与使用都达到了一个高峰。一方面，和香的制作水

平很高，配伍巧妙，炮制精良，风格多姿多彩。熏香所用的炭饼（曾称香饼）、香灰也常用多种物料精心和制。炭饼常采用木炭、煤炭、淀粉、糯米、枣、柏叶、葵菜、葵花、干茄根等制成，香灰常用杉木枝、松针、稻糠、纸、松花、蜀葵等烧成灰，再罗筛。使用炭饼时需埋入香灰，印香等香品也要平展在香灰上燃烧，故香灰需能透气、养火。

另一方面，宋代已广泛流行印香（可视为盘香的雏形），开启了大量使用"独立燃烧的和香"的风气（印香不需要炭饼熏烧，配方也很考究）。

据笔者初步考察，以模具制成的线香在北宋也有较多使用。如苏洵即有诗（《香》）写线香的制作："捣麝筛檀入范模，润分薇露合鸡苏。一丝吐出青烟细，半炷烧成玉箸粗。"宋元至明初的线香可能较粗，状如筷子，常称为"箸香"。如元薛汉有诗《和虞先生箸香》："奇芬祷精微，纤茎挺修直。炮轻雪消眼，火细萤耀夕。"

元代，线香已有较多使用，且已出现"线香"一词。如元理学家李存书信《慰张主簿》："谨去线香一炷，点心粗菜，为太夫人灵几之献。"北宋至元代，线香的使用很可能增长较快，因为此间适于熏烧线香的"无盖"香炉明显增多。

明代的线香制作工艺有较大提高，不迟于明后期，已不再使用"范模"，而是采用专门的机械或工具。如《本草纲目》记载了当时"线香"的制法：以榆皮面作黏合剂，用唧筒挤压香泥，压榨出线香，与现在制作线香的原理大致相同。"今人合香之法甚多"，线香"其料加减不等。大抵多用白芷……柏木、兜娄香末之类，为末，以榆皮面作糊和剂，以唧筌成线香，成条如线也"。

线香在明清广泛流行，品质优良的线香还常作为礼品。如明初画家王绂有诗《谢庆寿寺长老惠线香》："插向熏炉玉箸圆，当轩悬处瘦藤牵。"

正统年间（1436—1449），担任巡抚的于谦觐见皇帝，不以线香、绢帕等特产作礼物，还作有《入京》一诗："绢帕蘑菇与线香，本资民用反为殃。清风两袖朝天去，免得闾阎话短长。"

正德七年（1512），明使节至安南（今越南）册封国王，返回时，安南国王为正副使节准备的礼品中，除金银、象牙等物，每人还有"沉香五斤、线香五百枝"。（《竹涧集》）

康熙十四年（1675），安南贡物，除犀角、象牙、"沉香九百六十两""降真香三十株重二千四百斤"等物，还有"中黑线香八千株"。（《广西通志·安南附纪》）

现在所说的"签香"（以竹签、木签等作香芯）在明中期也多有使用，常称"棒香"。

嘉靖年间，大臣杨爵因直谏获罪下狱，曾焚棒香以祛浊气，"狱中秽气郁蒸……乃以棒香一束，插坐前砖缝中焚之"。（杨爵《香灰解》）

《遵生八笺》也载有一种棒香——聚仙香的制法：以黄檀香、丁香等与蜜、油混成香泥，"先和上竹心子作第一层，趁湿又滚"，檀香、沉香等和制的香粉作"第二层"，纱筛晾干即成。这种棒香的制作，基本类似于现在南方的淋香工艺。

明代还有一种形状特殊的香，类似现在的塔香，一端挂起，"悬空"燃烧，盘绕如物象或字形，称为"龙挂香"，可视为塔香的雏形。或许早期的龙挂香回环如龙，故得其名。《本草纲目》解释线香时也言及龙挂香："线香……成条如线也。亦或盘成物象字形，用铁铜丝悬爇者，名龙挂香。"这种香在明代中期已经出现，常被视为高档物品。如林俊《辩李梦阳狱疏》有："正德十四年（1519），宸濠差监生方仪赍《周易》古注一部、龙挂香一百枝，前到梦阳家，求作阳春书院序文并小蓬莱诗。"

近现代以来，传统香的制作与使用都受到了很大冲击。化学合成香料与工业技术以其低廉的成本和高效的生产优势在很大程度上排挤、改变了中国的传统香。许多香品仍有传统香的形式，如线香、盘香、塔香等，其外观也更为精美（线香可以更直、更细、更光洁等），但用料、配方、制作工艺都

大为不同，其品质及养生功效也难以与古代的香相提并论。许多香不再采用天然香料（香药），而是变成了"化学香料与燃烧材料的混合物"。采用天然香料的香（天然香）也常忽视传统的制作工艺，致使香药的功效难以真正发挥。此外，单品香也广泛流行，真正代表传统香发展水平的"和香"数量稀少。

不过，近年来越来越多的人开始喜欢传统香，关心传统香的发展，对香的品质也有了更高的要求，传统香的发展状况正逐步得到改善。

2. 香品的种类

"香品"一词大致有3种用法，其一，指"香料（香药）制品"，类似"茶品""食品"，如"熏烧类香品"。其二，指"香气的品质"，如"沉香香品典雅"。其三，指"香料""香料的品类"，如"麝香是一种名贵香品"，此用法见于古代，现多直称"香料"或"香药"。本文的"香品"指第一种用法，即"香料（香药）制品"。

香品可从不同角度划分为不同的种类。例如，据形态特征，可分为线香、盘香等；据所用原料的种类，可分为檀香、沉香等。故一种香品也可归入多个种类，例如，采用天然香料檀香制作的线香，就形态特征而言，是"线香"；就所用香料的种类而言，是"檀香"；就所用原料的天然属性而言，是"天然香"。

据原料的天然属性划分，可分为天然香料类香品（天然香）、合成香料类香品（合成香）。

·天然香料类香品。以天然香料及其他天然材料（如中药材）为原料制作的香品。此类香品除气味芳香，常常还有安神、养生、祛病等功效。天然香料是指以动植物的芳香部位为原料，用物理方法如切割、干燥、蒸馏、浸提、冷榨等获得的芳香物质。一般说来，用生物手段（如发酵）获得的反应产物也划入天然香料范畴。天然香料的形态可以是树脂、木块、干花等，也可以

是天然香材的萃取物，如用物理方法提取的香精油、净油、香膏等。

·合成香料类香品。以合成香料为原料制作的香品。合成香料是指用化学方法合成的芳香物质，可近似地模拟天然香料的香气。其原料大多与芳香动植物无关，多是煤化工、石油化工产品等。还有一种较为特殊的"单离香料"，是用化学或物理方法从天然原料中"分离"出来的单体香料化合物。它不同于普通的天然香料，但又利用了天然原料，与"合成"香料也不完全相同，所以不便简单地归于"天然"或"合成"，可参见本章"天然香与合成香"。

据形态特征划分，可分为固态香品、液态香品。

固态香品包括：线香、签香、盘香、塔香、印香（篆香）、香锥、香粉、香丸、特形香、原态香材，等等。

·线香。直线形，纯由香泥制成。

·签香。又称棒香、芯香。以竹、木等材料作香芯，呈直线形。用竹签者常称"竹签香""篾香"。

·盘香。在平面上回环盘绕，常呈螺旋形。许多"盘香"也可悬垂如塔，与"塔香"类似。

·印香。又称篆香。香粉回环萦绕，如连笔的图案或文字（篆字），点燃后可顺序燃尽，常用模具"香印"（即印香模、篆香模）框范、压印而成。印香在唐宋时已流行，现在的盘香即源自印香。

·香丸。以香泥制成的丸状的香。

·塔香。使用时以支架托起或悬挂于空中，下

线香

垂如塔。塔香源自（不迟
于）明代的"龙挂香"。

·香锥。形如圆锥体。

·瓣香。片状或段状
的原态香材。（"瓣"指
一物自然分成或破碎而成
的部分）

签香

·特形香。特殊形状
的香品，例如，元宝形、动物形等。有些精巧的动物形香品，腹中留空，香
烟可从兽口吐出，类似动物形的香炉。

·原态香材。芳香动植物原料经干燥、分割等简单加工制成的香品，如木块、
干花、树脂块等。

·香珠。一种或多种香药制成的"圆珠"。先将香药研磨成粉粒状，再
揉合成圆珠；或以香木雕成，可串成"香串"，道家、佛家多用之，常用作佩饰。

液态香品包括精油、香水、香膏等。

·香精油。从天然芳香原料中萃取的不含固态物质与水分的液态芳香油。

盘香

印香

·香水。多由香精、酒精和水组成，其核心成分是香精（合成香料或天然香料）。

据工艺特征，可划分为传统工艺香、现代工艺香。

·传统工艺香。以天然香料为原料，遵循传统的炮制、配方与制作规范，其质优者常有较好的养生价值。

·现代工艺香。采用现代工业加工技术，讲求气味芳香与外形美观，常使用化学制剂与化学技术，其芳香成分常为化学合成香料。

香丸

塔香

据香方划分。与中医方药相似，大多数传统香品都有特定的配方与炮制方法，有相应的特点与功效，也常有相应的名称，大致是"一种配方"对应"一种香"，故香品种类甚多，如"六味熏衣香""宣和御制香""三神香""伴月香""寿阳公主梅花香"，等等。香方是划分香品的一个重要依据，一般说来，同一香方下的香品，即使形态不同，也有相同的功效。

据主体原料划分。以某一天然香料为主要成分的香品，也常将此主体原料的名称用作香品名称，如沉香、檀香、柏子香、玫瑰香，等等。其香气特征与主体香料基本一致，例如，用天然香料沉香制作的名为"沉香"的香品，"沉香"既是其香气特征，也是其主体香料。不过，有些不含天然香料（如檀香木）而只使用有近似香气特征的合成香料

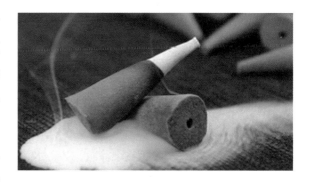

香锥

（化学合成的檀香香精）的香品，也会使用天然香料的名称（檀香），应注意区分。

据香气特征划分，可分为沉香型、檀香型、柏香型、桂花香型，等等。

天然香料和化学合成香料都可以调和、模拟出各种香气类型，名为"檀香型""沉香型"的香品未必采用了天然的檀香或沉香。

有些传统香的名称也是指其香气特征，而不是指所用原料，例如"某某龙涎香""某某梅花香"，未必使用了龙涎香或梅花花瓣。

据香品自身的基本功能特点，可分为美饰类、怡情类、修炼类、祭祀类、药用类、综合类等。

据香品在使用中的具体用途，又可分为多种，如佛家香、道家香，等等。

以这两种方法划分的类别并非"一一对应"，例如，"佛家香"就包括"修炼类""祭祀类""药用类"等多个类别。

·美饰类。注重以香气美化、装饰人、物品或环境。

·怡情类。注重增添诗意，愉悦性情，怡养情志。

·修炼类。注重安和意志，放松身心，开窍通经（适用于打坐、诵经、静心等）。

·祭祀类。注重品质洁净，清扬纯正，沟通凡圣。

· 药用类。注重祛秽致洁，防治流疫，治疗疾患。

· 综合类。注重多种功能的香品。

据使用方法划分，可分为熏烧、浸煮、涂敷、佩戴、设挂、香用品，等等。

· 熏烧类香品。直接点燃，或借助其他热源（如木炭、电热片）为香品加热。

· 浸煮类香品。溶解、浸泡于液体（水、酒等）中使用（或对液体加热）。

· 涂敷类香品。需要擦拭、涂敷，如香水、香粉、香膏等。

· 佩戴类香品。随身佩戴或携带，如香囊、香珠等。

· 设挂类香品。陈设或悬挂，如盛有香品的香盒、饰品等。

· 香用品。使用香品制作的日用物品，如香烛、香枕、香护膝、香衣领等。

据烟气特征划分，可分为无烟香、微烟香、聚烟香等。

· 无烟香。看不到烟气的香品。

· 微烟香。烟气浅淡的香品。

· 聚烟香。烟气凝聚，不易飘散的香品。

据原料的品种数量划分，可分为单品香、和香。

· 单品香。以单一香料为原料制作的香品。

· 和香。以多种香料配制的香品。

3. 天然香与合成香

天然香（天然香品），以天然香料及其他天然材料（药材等）为核心成分；合成香（合成香品），以化学合成香料为核心成分。所以，天然香与合成香的区别主要来自天然香料与合成香料的差异。

天然香料

天然香料是指以动植物的芳香部位为原料，用物理方法（如切割、干燥、蒸馏、浸提、冷榨等）获得的芳香物质。一般说来，用生物手段（如发酵）获得的反应产物也划入天然香料范畴。天然香料最终得到的原料与原材料的化学成分基本相同，只是以一种浓缩的形式存在，如香精油、净油、香膏、木块、干花等。

天然香料又可分为动物性天然香料和植物性天然香料。动物性天然香料多为动物体内的分泌物或排泄物，约有十几种，常用的有麝香、灵猫香、海狸香、龙涎香、麝香鼠香5种。现已得到有效利用的植物性天然香料约有400种，植物的根、干、茎、枝、皮、叶、花、果实、树脂等皆可成香。

天然香料的形态主要有两类。一是原态香材。该种香料通常指芳香原料经简单加工（清洗、干燥、分割等），制取的树脂、木块、干花等。这种简

单加工能较好地保留有香成分及直接相关的无香成分，能保留原料的部分外观特征，易于识别和使用。除了直接产生香味的挥发性油脂，芳香原料中还含有多种营养成分，其芳香气味与药用功效正是多种成分共同作用的结果。而原态香材可较好地保存这些天然成分，具有较为纯粹的天然品质，也非常适宜制作熏香。

二是芳香原料的萃取物。该种香料包括香精油、净油、香膏、浸膏、酊剂等，是多种成分的混合物。植物体内有许多微小的油腺与油囊，其中含有各种植物油脂。芳香植物的主要有香成分就存在这些油脂中，用物理方法将油脂分离、提取出来，即可得到香精油。香精油便于运输、存储和使用，扩大了香料的应用范围，对香料工业的发展起到了重要的推动作用。

合成香料

合成香料是用化学方法（经若干化工操作）合成的芳香物质，能近似地模拟天然香料的香气特征。

针对一种天然香料，通过化学技术来分析、确定其芳香成分的化学结构，再用化学方法生产出相同结构的化合物，即合成香料。该种香料常借用所模拟的天然香料的名称来命名，如麝香酮。合成香料可大致理解为化学合成香料，其原料主要是天然动植物以外的物质，如煤化工、石油化工产品。目前的合成香料已五千多种，常用的有四百多种，合成香料工业已成为现代精细化工的一个重要组成部分。合成香料的分类方法主要有两种：一种是按官能团分类，如酮类、醇类、酯类、醛类、烃类，等等；另一种是按碳原子骨架分类，如萜烯类、脂肪族类、含氮、含硫、合成麝香类，等等。

此外，还有一种较为特殊的香料——单离香料。使用化学或物理方法，将含有多种化合物的天然原料中的某一种化合物"单独分离"出来，此种化合物即单离香料。它不是"合成"的，而是"分离"出来的单体香料化合物。

虽然单离香料与天然香料有很大差异，但它利用了天然原料，所以与"合成"香料又不完全相同。并且，单离香料既有用化学方法制作的，也有用物理方法制作的，所以不便将之简单地统一归于"天然香料"或"合成香料"。许多人认为，大多数单离香料都可以用化学方法合成，因此，单离香料总体上更靠近合成香料，而不是天然香料。

香精，也称调和香料，是人工调配的，由多种香料及溶剂、载体等附加物按特定比例配成的混合物。所用原料可以是天然香料，也可以是合成香料。但在习惯上，人们日常所说的"香精"多是由"合成香料"制成。而"香精油"则是指"天然香料"的萃取物，属于天然香料。

除了分为天然香料、合成香料，还有更为"专业"的划分方法，即天然香料、等同天然香料、人造香料。

人造香料，是指其化学结构至今尚未在自然界中发现过的香料，可称为化学合成香料。

等同天然香料，是指其化学结构与天然香料中的某种对应物质相同的香料。包括两大类：一是合成香料，用化学方法"合成"的；一是单离香料，从天然原料中"分离"出来的。除了少数单离香料可以称为天然香料，绝大多数"等同天然香料"都可称为化学合成香料。

天然香料的作用

欧亚文明古国使用香料的历史都可上溯到 3000—5000 年。古代对香料的使用，东西方之间有很多相似之处，除了用于祭祀、添香，还常用于镇静、止痛、改善睡眠、杀菌消毒等医疗养生方面。可能有人会认为，通过日常使用的香品而摄入的芳香物质总量太少，达不到养生治病的效果，但现代研究发现，

事实并非如此。

近几十年来，神经免疫学等领域的研究成果从分子水平上揭示出神经系统、内分泌系统、免疫系统之间关系十分密切，其中的任何一个环节都会显著影响其他系统的功能，继而影响包括组织、器官在内的整个人体系统。通过呼吸、涂敷、口服等途径摄入的芳香成分，其量虽小，却"微而愈妙"，能影响整个"神经—内分泌—免疫网络"，并被"放大""延伸"而引起人体内的一系列变化，起到其他药物难以达到的作用。

当一种香气使人产生舒缓、放松、和谐、沉静等体验时，它也不仅是一种心理感受，而是伴有脑电波、激素、血压等众多生理指标的改变。还有研究发现，香气对于失去嗅觉的人的康复也有明显的影响。

近年来，外激素研究的一些重要成果也大大增加了人们对香气的重视。外激素是动物体内特殊腺体分泌出的一种物质，是同种动物之间靠嗅觉来识别、传递的"信息物质"，对大多数哺乳动物的性行为也非常重要。过去人们曾认为人类识别外激素的功能早已退化、失效，但现在有科学家发现，人类侦测外激素的器官（位于犁骨与鼻骨间的"犁鼻器"）依旧存在，而且对香气有明确的反应。

香气的作用涉及嗅觉、心理、生理、神经科学等多个领域，虽然对香气是如何影响这些领域的目前还没有找到完整、清晰的解释，但有一点是确凿的，即现代科学研究正日益深入地证明着一个古老的经验：天成之香，其用大矣。

合成香料与天然香料的差异

自从化学家帕金于1868年在英国利用煤焦油制造出第一种合成香料"香豆素"（香豆内脂）以来，迄今为止，绝大多数的天然香料都有了相应的合成香料，并且还有一些合成香料，尚未在自然界中发现具有相同结构的对应物质。合成香料的目的是获得特定分子结构的化合物，故其原料不必取自芳香动植物，而是常取自含碳、氢、氧等元素的化学材料，如煤化工、石油化工产品。合成香料的原料易得，制作成本显著降低，其生产也不受气候、地域等自然因素的限制，从而极大地拓展了芳香材料的应用范围，使生活中使用的芳香物品大为增加（许多没有明显香味的材料里其实也都添加了合成香料）。

不过，虽然合成香料自诞生之后很快就风靡了香料行业，但它并没有像当初人们期待的那样真正替代天然香料。

合成香料的纯度差异很大，其杂质及化学反应中的残留物会影响香气的质量并产生不同程度的（毒）副作用，故其使用范围受到许多限制，例如，合成香料一般不供婴幼儿和老人使用。

就香气而言，即使以现在最先进的技术制作的合成香料也难脱"斧凿"之迹，其芳香与天然香料的差异仍然十分明显。

就心理效应而言，两者的差距则更为显著。天然香料常可以使人产生"愉悦""感动"等微妙的身心体验，而合成香料几乎完全没有这种效果。"有其味而无其气，有其形而无其神"，正是合成香料始终难以逾越的屏障。所以，许多高明的调香师也常常在以合成香料为主的香品中加入一些天然香料，以增加香气的灵动感。

天然香料的真正可贵之处还不在于气息的芳香，而是具有广泛的医疗养生功效，合成香料在这方面更是望尘莫及。

天然香料是一种成分极其复杂的混合物，有人甚至把它比喻为一个混沌系统，多种香料搭配时的情况就更为复杂，以现在的科技水平，还难以达到对其进行全面、准确分析和把握。天然香料的功效不仅涉及香气的自身结构，还与人的嗅觉密切相关，涉及嗅觉与心理、心理系统与生理系统等一系列心理学与神经科学领域的问题，而这些领域也正是自然科学中发展最晚的一些门类，目前我们还不能很好地回答这些问题。

　　近年来，人们已越来越多地意识到，许多化学产品在为人们提供便利的同时，往往也存在许多弊端。所以，"绿色""自然"的呼声正日益深入人心，这也应成为当代制香、用香的发展方向。

4. 香品的鉴别

香气从口鼻入，通于肺腑气血，对身心有直接的影响。所以，好香既要芳香宜人，还要有益于身心，这应是鉴别香品的基本原则。芳香是香品形式的、"文"的方面，养生护体是香品内容的、"质"的方面，以养生为基础而达到芳香宜人，才是文质相成，真正的美轮美奂。

对香品的鉴别不便一概而论，以下几点供读者参考：

原料的天然属性

注意识别所用原料是天然香料还是化学合成香料。有些香品的包装或说明中标注"人工香料""等同天然香料"，其含义与"合成香料"大致相同，可视为"合成香"（也称"化学香"）。未明确标注"天然香"或"天然香料"者，一般都是合成香。标注"天然香"者，应注意识别真伪。

天然香的香气一般比较含蓄、蕴藉，有"复杂"之感，或微有"涩"味。"合成香"的香气常常很"鲜明"，有化学制品的特殊气息，但制作精良的合成香也较难分辨。天然香料与合成香料的价格相差悬殊。在可比状态下，天然香的价格也远高于合成香，通常会高出数倍乃至数十倍，价格较低的一般都是合成香。

配方

在香品包装和说明中，一般只是大致标注所使用的原料，不会标注具体比例，所以我们难以直接了解其配方。不过，在香品名称、说明文字中仍有可能获得一些信息。有些香品有专用的名称，此名称即指特定的配方，如"宣和御制香"，即指以相应配方制成的熏香。同一配方的香品，其形态可以有多种（如线香、塔香等），名称则常常相同。

好香如良药，得法的妙方是好香的基础，所以配方是制香时一个很重要的因素，在很大程度上也决定了香品的功效。但对普通用香者来说，鉴别香品不应太依赖于配方，最好是试用之后再判断该香是否适合自己。

制作工艺

重在识别香品采用的是"传统工艺"还是"现代工艺"。从外观上看，采用"现代工艺"制成的香一般更为"精致""华美"，香品表面更光洁、鲜亮，颜色更饱满、浓艳。采用"传统工艺"制成的香则比较"朴素"，多用原态香材，也不使用合成色素，故颜色偏"暗"，并不鲜艳。

传统工艺追求"香气养性"，讲究"药性"、有针对性地"炮制"、五运六气、五行生克、节气时辰等因素。现代工艺追求"气味芳香"，注重化工技术，常会使用一些在传统工艺看来有损香品品质的制作方法。

香气

香品种类繁多，香气风格各异，因此没有划一的鉴别方法，但品质较好的香，常有以下特点：

气息醇厚、蕴藉、耐品，常在芳香中透出一些轻微的涩味和药材味，尤其是采用原态香材制作的香（以香木、树脂等粉碎制成，不用香精油），这一特点更为明显；即使香气浓郁，也不会感觉厌腻，能使人体会到一种自然的气息，没有合成香料常有的"人造香气"的痕迹，即使恬淡，其香气也清晰可辨；香气清新，爽神，不使人心浮气躁；使人身心放松，心绪沉静、幽美；有滋养身心之感，愿意亲之、近之；深呼吸不觉冲鼻或头晕；久用、多用无厌倦感；烟气近于青白色（工艺特殊的微烟香、无烟香例外）。

以上是普通好香的特点。至于少数极品之香，更有超乎寻常的美妙，不切身体验则难以想象。古人云：好香如灵丹妙药，化病疗疾，开窍通关，悟妙成真，亦非虚言。对香气的鉴别需要一定的经验和基础，只要注意积累，培养出精准的判断力也不是很难。不过，有些人可能会因为长期"适应"了品质欠佳的香而形成偏颇的评价标准，或因习惯于某一种香而对新的品种不够敏感，因此在品香时应注意排除这些因素的干扰。

香品外观

对于普通用香者来说，很难依据香品外观而探知其品质，最好是通过香气进行判断。

香品原料在制作时要经过细致的研磨、搅拌，因此在成品中基本看不出所采用的材质。用劣质的染色剂就能调出漂亮的颜色，用特殊的制剂就可使香品表面光滑洁净，用低质的合成香料就可以使气息芳香。所以，香品外观所能提供的信息很有限，优质香可能其貌不扬，劣质香可能外观华美，应防止被外观误导（对于线香等香品，可掂其重量，若很轻，则多是使用了草木粉之类的疏松原料，质量较差；不过，即使"不轻"，也未必便好，有的劣质香会添加石粉以增重）。

5. 香品的使用

印香

印香，又称篆香，形如"连笔"的图案或篆字（有各种造型），点燃后可顺序燃尽，大多是用模具将香粉框范、压印而成。制印香的模具常称香印

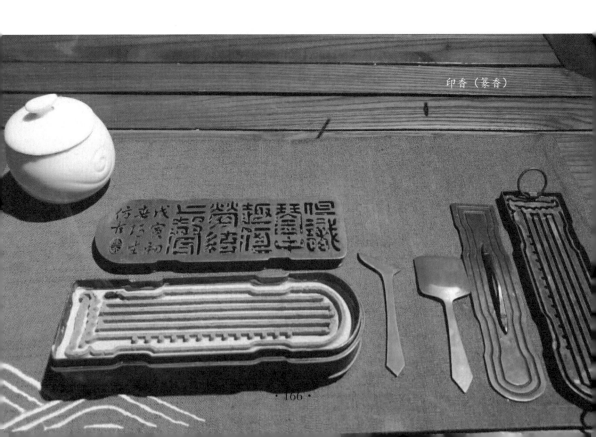

印香（篆香）

（印香模、篆香模）。印香约始于唐代，宋时尤为盛行并深得文人雅士的青睐。其大致方法是：

备好所需物品：香粉（依据香方，研磨香药，制成较细的香粉）、香印（印香模）、装有香灰的香盘（或专用的印香炉，或炉口足够大的普通香炉）等；将香盘中的香灰压实；将印香模平放在香灰上；将香粉铺入印香模（其镂空处），再用平板压紧；除去印香模上方多余的香粉；将印香模提起，便制出了"印香"。从一端点燃即可。

隔火熏香

"隔火"熏香是一种很考究的用香方法，该法不直接点燃香品，而是以炭块为燃料，通过"隔片"炙烤香品，此法可免于烟气，也可使香气释放更加舒缓。"隔火"熏香在唐代已经出现，宋之后较为流行。其大致方法是：

备好所需物品：香品（天然香料类香品，可用按配方制作的和香，也可用香木片、香木块等原态香材，有些原态香材不宜生用，最好事先加以炮制）、香炉、香炭（好木炭，专制的炭饼则更好，古代常称"香饼"）、隔片（砂片、瓷片、云母片、玉石片、银片等）、炉灰（可用松针、杉木枝、宣纸、纸钱等烧灰）等，辅助用具如香匙（取香品）、香箸（夹香品）、火箸（处置香灰与炭火）、火匙（处置香灰与炭火）、香瓶（插放匙、箸）、香盒（盛香品）、香品成型工具（香品成型所需的刀锯、锉、剪等）、香盘（炉下的托盘）等。

隔火熏香

制备香品：将香品制成薄片、小块、丸状、粉末状等合适的形状。

制备炉灰：炉灰应洁净、干燥、透气性好，这有助于维持香炭燃烧。若炉灰久未得火，潮气易重，应先用炭烘烤。

制备炭火：点燃香炭，待明火消退、燃烧稳定，即可放入炉灰中，并以炉灰覆之。

辅助通气：（用火箸）在炉灰中"扎"出多个气孔，接近或到达香炭，以利燃烧。

放置隔片：在香炭上方放置隔片。

放置香品：将香品置于隔片上。

调整：若香品熏烤的程度不足或过重，可调整香炭上覆盖的香灰的厚度（也可使香炭微微露出）及通气孔的数量、位置和深度。待香气合适，即告完成。

祭祀用香

不同的宗教、民族，敬奉不同的神明，祭祀用香的方式也各不相同。对于那些仪式性很强的程序，日常用香或许不便奉行，但仍有些基本规范值得注意：

保持心意之纯正，怀有诚心、恭敬之心、清净之心、慈悲之心、精进之心、信任之心、感恩之心、忏悔之心，等等，是祭祀用香中最重要的因素之一。

让良好的心态贯通于神情、仪态、动作之中，达到外在的端庄和虔敬。

祈愿他人获得幸福，志愿向善，近道，立功立德，作出利于他人及天地万物的贡献。

默念（或出声念）敬奉的神明与祈愿内容。

用相应的姿势和动作强化心念，促进身心之共鸣，如低头、合掌、躬揖、跪拜、匍匐，等等。

香案的高度不宜高于敬奉的神像。

适当摆放香品、花卉、灯烛等供物。

注意敬香的时间，已经形成天天焚香习惯的人群除外，对于一般人而言，应尽量保持稳定的节律，例如，阴历初一、初三、十三、十五，节气，正月初一、三月初三、五月初五、九月初九等都适宜敬香；子时之后即为次日，如阴历十四日 23 点后即为十五日子时。

在适宜的地点敬香，如宗庙、寺院宫观、家中供案、佛龛及其他清净安泰之地。

选择品质较好的香。尽量使用天然香，以祭祀类、修炼类香品为佳，怡情类香亦可。祭祀用香重于品质而非数量，"妙香通三界"，清香一炷胜劣香千焚。古人以上品香祭祀，重于"香气"享神，今人祭祀敬香仅为形式，流于用"烟"。

修炼用香

身心修炼（如静心、打坐、诵经、瑜伽等）用香有多重含义：

一曰泰，创造安泰、正定的环境；二曰幽，营造幽美、馨香的气氛；三曰净，辅助修炼者达到清净、放松、身心和悦；四曰聚，辅助修炼者积聚能量，冲关开窍；五曰敬，培扶恭敬郑重之心；六曰圣，持宗教信仰者，有沟通凡圣之意。

处于练功、入静状态时，周身毫毛孔窍开放，精力集中，呼吸深入，香气对身心影响尤大，故选择香品应格外谨慎，应使用天然香（修炼类香品或怡情类香品），即使原料品级较低，香味浅淡，也远远优于合成香料类香品。

药用香品

药用香品（如祛秽、防疫、疗疾）在使用时应注意：

选择特定配方的、针对性强的天然香；达到足够的数量和频率，使香气

保持足够浓度；把握空气流通程度，不宜太快，也不宜长时间封闭；用香时注意身心放松，使呼吸深入，能静坐则更好；选择恰当的时机，如睡眠时、初醒时、安静时等。

香品贮藏

防止香气散失。注意采取封闭措施，这对于香囊、香枕等自然散发香气的香品尤为重要；熏烧类香品在常温下挥发较慢，但也应尽量注意。

防止香品串味。不宜与气味明显的物品如茶、酒等混放，不同香品应分开放置。

防潮。应置阴凉、干燥处，香品受潮会变味、变质。

用于祭祀的香品应置于洁净、清静之地。

第四章　香　具

1. 香具的家族

　　典雅精美的香具，既便利了用香，又能增添情趣，装点居室，堪称生活中的一种妙物。香具的种类很多，除了香炉（包括卧炉、印香炉、柄炉、提炉、熏香手炉等），还有香筒、熏球、熏笼、香插、香盘、香盒、香匙、香箸、火箸、火匙、香瓶、香囊、熏香冠架、玉琮熏炉等，以下作一简单介绍：

香炉

　　炉，指"贮火之器"，香炉可释为承纳、熏烧香品的器具。东汉之前的"香"字，多指香气、芳香，不指香药、香品，也少有"香炉"一词，熏香的炉具常称"熏炉"（早期的"熏"字主要用作名词，指香草；后来也用作动词，指用香物涂身、熏炙、熏烟等，同"薰"）。汉魏之后，则"熏炉""香炉"并用，如："纯金香炉"（曹操《上杂物疏》）、"博山香炉"、"被中香炉"（《西京杂记》）、"燎薰炉兮炳明烛"（谢惠连）、"睡鸭香炉换夕熏"（李商隐）、"香炉宿火灭，兰灯宵影微"（韦应物）。

　　香炉的种类繁多，可从不同角度做出划分。从炉器整体样式来看，可分为：拟礼器类，模拟古代礼器，如鼎、鬲、簋、豆等（礼器也源于实用器物）；拟动植物类，模拟灵禽瑞兽、吉祥花卉等动植物造型，如龙、麒麟、角端、狻猊、

象、鹤、雁、凤、孔雀、鸭，莲花、橘瓣、海棠、竹节等；拟器物类，模拟各种器物，如筒（桶）、奁、钵盂、盏、杯、鼓、台几等；拟景观类，模拟自然景观或建筑物，如山（"博山"）、塔（佛塔）等；拟几何体类，如长方体、球体等；综合类，不宜归入上述类别的香炉。

从炉器的局部样式来看，可据腹、耳、纹饰、口、足、盖、钮、座、盘、提链、提梁等分为多种样式，例如，腹，有圆腹、敛腹、筒腹、花式腹等；耳，有朝天耳、桥耳、蚰龙耳、（双）鱼耳、象耳、狮头耳、（鸟兽）吞口耳等；纹饰，有弦纹、云纹、雷纹、文字纹（梵文、阿拉伯文、万字纹、八卦纹、汉语篆字等）、夔龙纹、莲纹、火焰纹等；足，有多足、圈足、乳足、戈足、象鼻足、马蹄足、如意足等；盖，有平顶盖、梯形盖、子母口盖、穿顶盖等；座，有三足座、方座、莲花座、须弥座等。

附属部，有些香炉带有附属功能，例如，可以放置香箸、印香模等辅助工具，其可列入炉器的"附属部"。

从材质特点来看，有铜、金、银、铁、锡、陶、瓷、石（玉）、竹、木、象牙等。每一类中又可分为多种，如瓷炉可分青瓷、白瓷、黑瓷、青花、釉里红、粉彩等；铜炉可分红铜、黄铜、青铜、白铜等。

从装饰工艺来看，有錾花、鎏金、铄金、渗金、点金、镶嵌、珐琅等类。

从功能与使用特点来看，可从不同角度列出一些较有特点的类型，例如，适用于线香的"卧炉"和"香筒"（香筒可列入广义的香炉），能自由旋转的"熏球"，适于熏衣物的"熏笼"，适于同时熏烧多种香品的"多穴炉"，适用于印香的"印香炉"，适于手持的"柄炉"等。此外，还可列出涵盖范围较大的"熏（香）炉"和"承（香）炉"，可参见"香具·香炉的样式"。

熏炉

"熏炉"一词历史久远，其出现早于"香炉"，西汉时已将博山炉称为"熏炉"。其含义似有广义与狭义之分：广义的熏炉，指"熏香的炉具"，与"香炉"基本相同。狭义的熏炉，指一些特殊的香炉，大致有三类：

其一，便于"闷熏"的香炉。炉身有一定的封闭性，利于"闷"熏炉内的香品，也能防止火灰溢出。大都设有炉盖，且炉腹及炉盖上设有较多"壁孔"。例如，熏烧盘香时，可用普通香炉，也可用设有炉盖的"熏炉"。

瓷熏炉

其二，便于"熏烤香品"的香炉。此种熏炉不直接点燃香品，而是用热源（木炭、炭饼、电热装置等）间接地"熏烤香品"，催发香气。或有盖，或无盖。炉腹容积不宜太小，也可设置壁孔。

其三，便于"熏染其他物品"的香炉。此种熏炉使炉外物品如衣物、被褥等浸染香气。或有盖，或无盖，熏香时大都不用炉盖。例如，汉晋时期即有许多此类熏炉，常用于熏衣。

汉唐之前用香，大都是借助燃料如木炭、炭饼等易燃物熏烧香品，如配制的香丸、香饼或香草、香木等原态香材，"火"气较重，所用炉具也是典型的"熏炉"，大多设有炉盖（也有无盖者），且炉盖、炉腹及炉底有较多孔洞以助燃、散香。炉盖能防止火灰溢出，便于使用（可置于衣物下熏衣、熏被），也可控制燃烧的速度，使香气的混合更为均匀。

承（香）炉

约自宋代开始尤其是元代之后，较多使用能独立燃烧的香品，如印香、线香、签香、塔香等。焚烧这些香品的香炉大致有两类：

一类是有炉盖的"熏炉"，形状近似汉唐时期的熏炉，但体积较小（有的炉具炉盖简易，焚线香时便于取下）；另一类是无炉盖、无壁孔的香炉，其功能主要是"承托、容纳"香品及香灰，而不是"贮火"和"闷熏"，例如，可插焚线香和签香的小香炉，无盖的印香炉和印香盘，焚塔香的无盖香炉，等等。过去一直没有明确的词汇来指称这类香炉，若能增一专用名称，则可使香具的分类和描述更为清晰，也是增加一个与"熏炉"平行的、对等的概念，用来描述那些"不同于熏炉的香炉"，减少"熏炉"和"香炉"两词在使用中的混乱和误解。

笔者建议将此类香炉称为"承（香）炉"或"盛（香）炉"，因香炉有两个基本功能：承载、盛纳香品，焚烧香品。"熏（香）炉"可强调焚烧，"承（香）炉""盛（香）炉"可强调承载和盛纳，此种观点仅供读者参考。

有人建议采用更直观的"敞口炉""敞炉"等名称，但汉晋时期已有许多无盖的"熏炉"，且"敞口"一词常用作描述器物"口沿外张"，容易造成误解；也考虑过采用"线香炉"的名称，但此类香炉虽然适于插焚线香，并非仅适用于线香，并且香筒、"有盖的卧炉"等也适用于线香，但应属"熏炉"。

承（香）炉

卧炉

用于熏烧水平放置的线

香。炉身多为狭长形，有多种造型。有盖或无盖。

也有类似香筒的"横式香熏"，形如卧倒的、镂空的长方体。以长方体的整个上平面作"炉盖"，或将"炉盖"设在一端。

卧炉

印香炉

又称"篆香炉"，用于焚烧印香。炉面平展开阔，炉腹较浅，下部铺垫香灰，用印香模具在香灰上框范出印香。或有盖，或无盖。也有条几形的"篆香几"，以及多层结构的印香炉，可将印香模、香粉等放在下层。口径较大的普通香炉以及平展的"香盘"也可用于焚烧印香。

印香炉

印香模

印香模

又称"香印""篆香模",指制作印香的模具,形如"镂空的印章"。大小不等,造型各异。多以木材、银等制成。

多穴炉

形如多个熏炉联结在一起,炉腹互不联通,可同时熏烧多种香品。此类香炉数量很少,曾见于广州南越王墓。

提炉

又称提梁香炉。是带有提梁,便于提带的香炉。

柄炉

柄炉,又称"长柄香炉""香斗"。带有较长的握柄,一端供持握,另

柄炉

一端有一个小香炉，香炉有各种样式。熏烧的香品多为香丸、香饼、香粉等。此种香炉可在站立或出行时使用；可于持炉柄，炉头在前；也可一手持柄，一手托炉。此类香炉在佛教中使用较多（双手擎托香炉以示恭敬，也有持香炉叩拜的礼仪），魏晋至唐代尤其流行。

"柄炉"有时也称"手炉"，由于"手炉"也常指"暖手炉"，容易引起误解，应尽量不采取这种称法。

手炉

主要用于取暖，也可熏香。炉盖镂空成各式纹样，炉身常錾刻图案。外形圆润，呈圆形、方形、六角形、花瓣形等。可握在手中、置衣袖间或有提梁供随身提带。炉内可放炭块或有余热的炭灰。也有较大的暖脚的脚炉。手炉盛行于明清，制作工艺也十分精湛。

手炉

熏球

又称"香球"。多以银、铜等金属制成，球壁镂空，球内依次套有三层小球，每个小球都挂在一个转轴上（转轴与外层小球相连），最内层悬挂焚香的小钵盂。熏球转动或滚

熏球

动时（三维旋转），在钵盂的重力作用下，三层转轴相应旋转调整，钵盂则始终能保持水平，香品不会倾出，因此即使在床上和被褥中也能使用，亦称"被中香炉"。常设有提链，可出行时使用或悬挂于厅堂、车轿中；可加设底座，便于平放。也有较为简单的熏球，仅套一层或两层小球，也只能作一维或二维旋转。

据《西京杂记》记载，西汉时已有"熏球"，巧匠丁缓曾制出"被中香炉"："丁缓……作卧褥香炉，一名被中香炉……为机环，转运四周而炉体常平。"

唐代也曾将熏球称为"香囊"。法门寺地宫出土的《衣物帐》（文物名册）即把熏球记为"香囊"，唐王建也有诗"香囊火死香气少"。现已出土多件极为精美的唐代银熏球。

熏笼

在香炉外面罩以"笼"形器物，大小不一，常用于熏手巾、熏衣、熏被，也可用于取暖。"笼"的材质有竹、木、陶瓷等。

香筒

又称"香笼"。用于熏烧线香或签香，常直立使用，也可纳于怀袖或衣被中。多为圆筒形，带有炉盖，炉壁镂空呈各种纹样，以通气散香，筒内设有安插线香的插坐。质材有竹、木、石、玉、象牙等多种。明清时多用线香，香筒也广为流行。

香插

带有插孔的基座，用于插放线香。基座的造型、

香筒

高度、插孔大小、插孔数量有多种样式，可适用于不同粗细、长度的线香。香插的流行似乎较晚，多见于清代。

香盒

又称"香盛"。用于盛放香品，如香丸、线香、香木片等。材质多为木、陶瓷等。

香盒

香箸

又称"香筷"。用于夹取香品。材质多为铜制。

香匙

用于抄取粉末状或丸状香品。材质多为铜制。

香插

火箸

用于处置香灰、炭火。材质多为铜制。

火匙

用于处置香灰、炭火。材质多为铜制。

香瓶

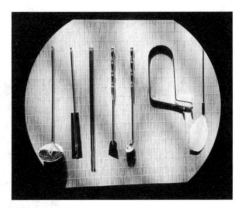

香箸、香匙等香具

又称"香壶""匙箸瓶"。用于插放香箸、香匙等工具，瓶口常有分隔的插孔，使匙、箸等互不相混。

香炭

用于熏烧香品的炭（借助炭火熏烧香丸、香木片等香品）。可以是较好的木炭，也可以是更为精制的炭饼（常用炭粉与其他材料和制而成，古代也称"香饼"）。

香盘

用作香炉及香插等香具的承盘。扁平，较浅。材质多为铜、木等。也可用于焚烧印香。

香炭

炉瓶盒套装香具

由一香炉、一香瓶（带香箸、
香匙等）和一香盒组成。常配有
底座。盛行于明清。

香几

焚香的台状几案，可放置香
炉、香盒和香瓶等物。高者可过
腰，矮者不过几寸。四周有低矮
的围挡。几面多为石料或木料。
制作考究者则造型、用料、雕镂
纹饰都颇具匠心。

香囊

香囊

又称"香包"，古代也称"容
臭"。用于装填香品如和制的香粉、干花、中药材等的织袋，也可再罩以镂空
的小盒，材质常为木、玉、银等。随身佩戴的香囊也称"佩帏""佩香"。悬
挂于车轿、居室、帷帐内的香囊，也称"帷香"。

香囊可香身、辟秽。早在西周时，少年拜见长辈就需佩戴香囊，如《礼
记·内则》："男女未冠笄者……衿缨，皆佩容臭。"汉诗《孔雀东南飞》
也言及香囊："红罗复斗帐，四角垂香囊。"香囊也常用为爱情信物，如繁钦《定
情诗》："何以致叩叩？香囊系肘后。"

熏香冠架

有熏香功能的冠架。冠架用于"撑"放冠帽，又称帽架。在冠架的"冠承"

（多为球状，镂空）部位放置"香粉"以散香，或在其中熏焚香品，常使用可旋转的熏球。

玉琮熏炉

用玉琮改制的香炉。玉琮是西周之前的重要礼器，外方内圆中空，多用于祭祀。东周后不再用于祭祀，常改作他器。古代常将玉琮改造，加盖、加座、中孔加铜胆，制为高档香具"玉琮熏炉"，如江苏涟水三里墩西汉墓出土的"银鹰座带盖玉琮"。此类熏炉也常被称为"熏香玉琮"，因其功能已非"玉琮"，故此名称不够准确。

玉琮熏炉

2. 香炉的样式

香炉器形千变万化，种类繁多，样式之划分尚无统一标准，许多炉具命名比较随意，带来了许多不便，笔者试就部分样式作一归纳，供参考。

整体样式

鼎式炉。形如圆鼎（三足）或方鼎（四足）。两立耳（立于炉口）；或两附耳（在侧面），弯曲向上作"朝天"状；或无耳。足较高。或无盖，或有盖（平顶、穹顶等多种），盖上有三钮。鼎用于烹煮、盛放肉食，是重要

鼎式炉·四足

鼎式炉·三足

鼎式炉·三足

的礼器，列商周礼器之首。上古以鼎为政权之象征，相传"禹收九牧之金，铸九鼎，象九州"。

鬲式炉。形如鬲。圆口，三足，常分裆（从炉腹上中部开始向三足弧收）。束颈。无耳，或侧面有两耳。鬲用作煮器，腹与三足相连可加大受热面积；常与鼎组合使用，如八鬲配九鼎。

敦式炉。形如敦。整体轮廓接近球形，圆腹，两耳，有盖。盖为半球形或覆盘形，有捉手。三短足或圈足。敦用于盛黍稷等饭食，与盛肉食的鼎搭配。

豆式炉。形如古代的盛器豆（也如"豆"字形）。上有圆盘（或浅或深），下有圈足，中为束腰炉柄。或有盖，盖上有捉手；或无盖。豆用于盛黍稷、腌菜等物。早期多为浅腹、无盖、无耳，后来腹变深，握柄也更细更长。

鬲式炉　　　　　　　敦式炉　　　　　　　豆式炉

簋式炉。形如簋。大口，腹微鼓，口径略小于或等于腹径。圈足，或有座。侧面有耳，耳较大，上下居中。簋常用作大碗，盛黍稷之类。

甗式炉。形如甗。上部如直腹或鼓腹容器，下部如鬲。甗类似现在的蒸锅，上为甑（置食物，底部有通蒸气的孔箅或竖管），下为鬲（煮水、出水蒸气）。

觯式炉。形如觯。腹下部鼓出，圈足，无耳。多为侈口。多有盖，盖上有一钮。器形常较高。觯为饮酒器，类似"罐"；有圆体觯，也有扁体觯。

簠炉。口或小或大，腹明显鼓出，口径小于或明显小于腹径。圈足。侧面有耳，小耳居多，位置偏上（常位于肩部）。簠炉与簋式炉较为相似。相

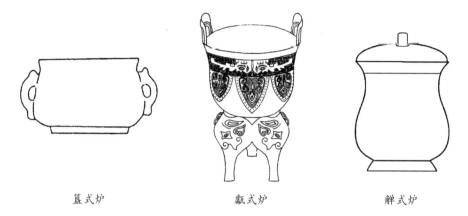

簋式炉　　　　　　　瓵式炉　　　　　　　觯式炉

比而言，簋式炉多为低、宽型，而彝炉常较高。彝炉口更小，腹部鼓出更明显，耳更小，位置更高。彝炉并不像"彝"（方形），而更像大口的、较宽的"缶"。彝、缶皆为盛酒器。彝在酒器中地位显赫，常用"鼎彝""彝器"泛指礼器。彝形似较高的四方体，直腹或鼓腹，盖似屋顶。

乳炉。整体器形较扁，线条流畅舒缓，鼓腹，三矮足（乳足，以弧形与炉腹连接）。耳多立于口上（如朝天耳、桥耳），有礼天之意。

压经炉。又称"押经炉"。整体器形较扁，鼓腹，凹颈。耳在侧面，为连环耳或环耳（耳上部有一角上翘）。三足，平底足，矮足（又有高脚、低脚之分，高者超过1厘米；低者仅几毫米，称"棋子足"，如围棋子）。常配莲花座。多为佛家所用。

彝炉　　　　　　　　乳炉　　　　　　　压经炉·高脚

筒式炉。圆口或近似圆口，直腹，如圆筒或腹壁微外倾，口径与底径基本相同。三足，或矮圈足。

奁式炉。形如奁。直腹或微鼓，较深，口径等于或大于腹径。有盖，常高起如穹顶，或为平顶；盖上有一钮。圆口（圆奁），或方口（方奁）。三足（圆奁），或四足（方奁），或圈足。奁是古代盛梳妆用品的容器，有盖，容积较大，便于盛物和取物是其基本特点，有多种式样，深浅不一，如圆奁、方奁、长方形奁、多层奁，等等。汉代多有圆筒形的奁，故古代曾将许多"筒式炉"称为"奁式炉"。由于"筒式炉"的名称直观、明确，现已得到较多认可，似有必要将奁式炉明确界定为"形如奁"，"具有较多梳妆品容器的特征"，以使"筒式炉"与"奁式炉"能区别开来。

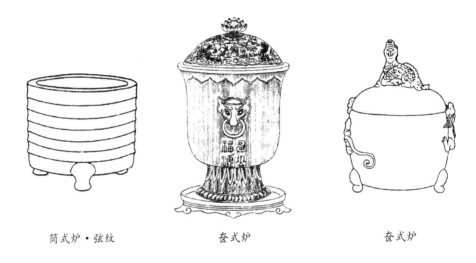

筒式炉·弦纹　　　　　　　奁式炉　　　　　　　　奁式炉

洗式炉。形如洗。敞口，浅腹，敛腹（或直腹、斜腹）。与筒式炉、盏式炉相似，但更浅、更宽。洗是盛水器皿，源于商周的盘。今有许多笔洗为"钵盂式"，鼓腹，敛口，已不同于早期的洗。

盂式炉。形如盂。敞口，口径等于或略小于腹径，微鼓腹或鼓腹。或高或矮。盂是大型盛饭器，也可盛汤水，故为"敞口"，便于倾倒盂内食物。

钵式炉。又称"钵盂炉"。形如佛家的"钵盂"。敛口或微敛口（防止溢出），口或小或大。腹上部鼓出，最大径在肩部，且明显大于底径及口径。或浅或深。

瓿式炉。形如瓿。广肩（斜平），高颈，圈足。有耳或无耳。圆体似钵盂炉或方体。瓿用于盛酒或水。

鼓式炉。形如鼓。圆口，圆底，鼓腹，口径与底径基本相同。炉壁常有鼓钉状纹饰。三足，或圈足。

盏式炉。形如盏。敞口，敛腹。有耳或无耳。"法盏炉"即属此类，还可据炉耳特点分为雁翎法盏、连珠法盏、悬珠法盏等，多为道家所用。

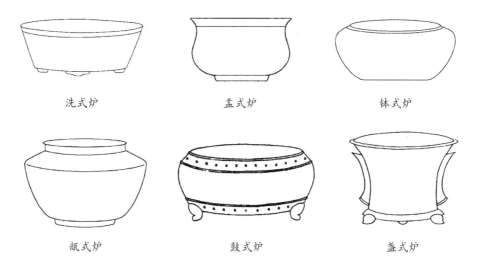

洗式炉　　　　　　盂式炉　　　　　　钵式炉

瓿式炉　　　　　　鼓式炉　　　　　　盏式炉

折沿炉。口沿折出，较宽；平展，或向上倾斜。浅腹或深腹。

高足杯炉。形如高足杯。直腹，下收，深腹。

台几炉。形如台几。方口，沿较宽、较平。

折沿炉　　　　　　高足杯炉　　　　　　台几炉

方炉。形如略矮的正方体或长方体。方口（正方形或长方形），直腹（或腹下部弧收）。四矮足，或方圈足。多有两耳。

扁炉。浅腹，直壁，整体很矮，很宽。方口或圆口。很矮的筒式炉、方炉等皆可列入扁炉。

博山炉。模拟仙山景象。炉盖高起呈山形，顶部尖锐，镂有孔洞。圈足，或足座造型接近圆形。炉腹与圈足间多为束腰炉柄。炉壁及炉底或有通气孔，或有承盘（常贮水或兰汤以象征东海，增添水汽）。具体造型变化较多，例如：筒腹（无炉柄），主体（炉盖加炉腹）近于球形，炉柄极矮，炉盖上方设有凌空的禽鸟，等等。

方炉　　　　　　　　　扁炉　　　　　　　　博山炉

佛塔（式）炉。模拟佛塔造型。常为五足或圈足座。模拟藏传佛教"覆钵顶"佛塔者可称"覆钵塔炉"。

竹根炉。又称"竹节炉"。模拟竹根（竹节），轮廓似筒式炉。足多为"竹根足"。严格说来，"竹根"分节较密，称"竹根炉"更为准确。

动物、植物造型炉。模拟动植物造型，如莲花、橘瓣、海棠、梅花、菊花、竹节，等等；鹤、雁、鸭、象、狻猊、角觿、麒麟，等等。有的动物形香炉设计精巧，香烟可从兽口中散出，或是兽口"含"香。

卧炉、印香炉、多穴炉、柄炉、提炉、手炉、熏球、熏笼、香筒可参见本章"香具·香具的家族"。

佛塔式炉　　　　　　　　　竹根炉

动植物造像香鹤炉　　动植物造像狻猊炉　　动植物造像橘囊炉

局部样式

朝天耳。又称"冲天耳"。立于炉口上或向外倾出，半圆形或方形，微尖，有敬天之意。

索耳。又称"绳耳"。立于炉口上，形如绞绕的绳索。

桥耳。又称"凤眼耳"。立于炉口上，较低，倾斜成坡形，如桥。浑圆者称"虎眼耳"。

朝冠耳。在于侧面，向上翘起，如纱帽方翅。

蚰龙耳。又称"蚰耳""蜒蚰耳"（蜒蚰似蜗牛，非蚰蜒），位于侧面，

朝天耳炉　　　　　　索耳炉　　　　　　桥耳炉

以简洁、圆润的线条象征弯曲的"蚰龙"。

夔龙耳。夔龙形。或龙首向内（吻接炉壁，或衔炉沿），龙身弯曲；或龙首向外，自龙口吐出弧状握把。

朝冠耳炉　　　　　　蚰龙耳炉　　　　　　夔龙耳炉

鱼耳。又称"双鱼耳"。在侧面，略如鱼形，近"耳垂"处分叉以象征鱼尾。鱼耳与戟耳相似，鱼耳下端有分叉，戟耳无。

戟耳。在侧面，如（兵器）戟头，线条或劲直，或柔和。

连环耳。在侧面，环耳，又衔圆环，成连环状。

鱼耳炉　　　　　　戟耳炉　　　　　　连环耳炉

雁翎耳。在侧面，形如展开的雁翅，羽外端尖锐。多用于"法盏炉"，成"雁翎法盏"。

兽首耳。在侧面，凸起成狮、虎、象、豸等兽首形，或有衔环。

（鸟兽）吞口耳。鸟兽在炉口上昂身低头，以兽口衔炉口。

弦纹。炉壁饰以数条水平直纹（多为凸起的棱箍）。如弦纹用于筒式炉，有"三元炉"（三线）、"九元三极炉"（九线三组）等。

文字纹。炉壁饰以文字或符号，少则数字，多则数十字。如梵文、阿拉伯文、

雁翎耳炉

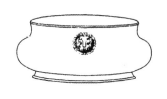
兽首耳炉·狮头

（鸟兽）吞口耳炉

满文、藏文，汉语篆字、福、寿，等等。

乳足。上圆下尖，乳状，有肥短者，有瘦长者。

弦纹炉·九元三极炉

文字纹炉·焚书炉

乳足炉

戈足。如戈，长而尖。

象鼻足。如象鼻，或垂下，或卷鼻（鼻孔向上）。

多足。四足或五足（或更多）。

戈足炉

象鼻足炉

多足炉

装饰工艺

錾花。錾刻、雕镂出凹入、凸起或镂空的各式图案。

（金银）镶嵌。先錾刻出一定深度（或粗或细）的图案纹理，再在凹槽中嵌入金银丝（片）。或錾出阳纹，再"包"金银丝片。

鎏金（银），又称镀金。以金、水银制成银白色的"金泥"，涂于炉器表面；以火烘烤，使水银蒸发而金固结（重复涂金泥次数越多，则金质越厚）；再刷洗、磨压，使之致密、光亮。可全炉鎏金或局部鎏金。

铄金。铸炉时将金屑散于铜溶液中，冷却后则金屑如星，融入铜料，遍布炉身，不怕擦洗，也不会剥落。

渗金。借助水银将金质熏擦、渗入铜骨，再用火烧，可有雨雪点、碎金点等各种样式。

点金。以金片贴于炉器表面。"金点"大小不等，有雨雪点、碎金点、大金片等各种样式。

珐琅工艺。先制器胎，再于表面施以各色珐琅釉料，然后焙烧、磨光、鎏金。珐琅香具造型丰富，色彩绚烂。据其工艺特征可分掐丝珐琅（景泰蓝）、内填珐琅（即嵌胎珐琅）、画珐琅等类；据所用胎料可分铜胎珐琅、瓷胎珐琅、金胎珐琅、玻璃胎珐琅、紫砂胎珐琅等类。"掐丝珐琅（景泰蓝）"，在金属胎上绘出图案轮廓，用细而薄的金属丝或金属片（多用铜，也可用金或银）焊接或黏合在轮廓线上，于空白处填施珐琅釉料，再焙烧、磨光、镀金。"内填珐琅"则是在器胎上"锤出"或"錾刻"出凹凸的图案，再填充珐琅釉料。"画珐琅"是在器胎表面直接以珐琅釉绘出图案，工艺较简，但色彩、图案丰富。

3. 云烟缭绕的山海——博山炉

"嘉此正器，崭岩若山。上贯太华，承以铜盘。中有兰绮，朱火青烟。"这是西汉经学家刘向撰写的一段铭文，所咏器物就是著名的"博山炉"。

博山炉是一种造型特殊的熏炉。炉盖高耸如山，顶部呈尖锥形，模拟仙山景象（传说东海有"博山"仙境），山间饰有灵禽、瑞兽、神仙人物，随山势的起伏镂出隐蔽的孔洞以散香烟。足座多为圆形，通过炉柄（足座与炉腹间的"立柱"）连接炉腹。常在足座下再设贮水（或兰汤）的圆盘，润气蒸香，象征东海。炉腹内焚香时，袅袅香烟从层层镂空的山形中散出，缭绕于炉体四周，若有圆盘贮水，则还有水汽的蒸腾，宛如云雾盘绕的仙山，现

西汉·鎏银骑兽人物博山炉

出生动的山海之象。

博山炉整体特点如此，具体炉具则各有变化。炉盖的造型、灵兽的种类、炉柄的高度等都有所不同。或为筒腹（没有炉柄），或炉柄很矮，或接近球形，或在炉盖上方加设凌空的禽鸟，等等。

所用材质也有多种，汉代多见铜博山炉，也有釉陶和彩绘博山炉。随着陶瓷工艺的发展，魏晋南北朝则多见青瓷博山炉。陶、瓷博山炉造型较为简约，也更容易制作，不会锈蚀，便于使用。除了室内熏香，博山炉还用于熏衣、熏被、取暖等，东汉后也用于道教、佛教等祭祀焚香。

博山炉在战国时期已经出现，自西汉中期至魏晋南北朝的 700 年间尤为流行，且多为王公贵族所用，还含有仙境、天地、山海等丰富的观念，故也

西汉·刻狩猎鸦纹博山炉

是汉晋时期地位最高、最为特殊的一类熏炉,常被视为汉代工艺品的重要代表。博山炉最为流行的时期,也正是熏香风气及熏炉的使用得以迅速扩展的时期,可以说,博山炉对中国香文化的形成与发展有"特殊的"贡献。

西汉的铜器工艺高超,所制铜博山炉也十分精湛,宫廷香具更是华美,并常施以嵌金(银)、鎏金(银)等高档工艺。如汉武帝时的"鎏金银高柄竹节熏炉"(陕西兴平茂陵陪葬墓出土)即一座博山炉,底座透雕双龙,龙口吐出竹节形炉柄,炉柄上端再铸三龙,龙头托起炉腹(炉盘),腹壁又浮雕四条金龙(龙身鎏金、龙爪鎏银),分三组饰九龙,是典型的皇家器物,也是目前规格最高的博山炉。此炉先用于武帝宫中,后赐予名将卫青和汉武帝的姐姐阳信长公主(先嫁平阳侯,后嫁卫青),可能是汉武帝赠给两人的结婚礼物。在能够确定纪年的博山炉中,这座高柄竹节炉的时间也是最早的(公元前 135 年)。

中山靖王刘胜的"错金博山炉"(河北满城汉墓出土)也是一件精品。炉盖山景优美,神兽、灵猴、猎人造型生动。炉柄透雕三条蛟龙,龙头擎托炉腹。从底座到炉盖的山石,通体以金丝金片"错"(嵌金或鎏金)出回环舒卷、刚柔相济的云气。雕镂精湛,端庄华美。

汉武帝之后,用香风气长盛不衰,博山炉也更为精美。汉成帝时,宫中有"五层金博山香炉",著名的长安巧匠丁缓(曾制"被中香炉")还制出精巧的"九层金博山香炉",镂以奇禽异兽,"穷诸灵异,皆自然运动"。(《西京杂记》)汉献帝还有"纯金香炉"和"纯银香炉"(曹操《上杂物疏》),这两个香炉属于博山炉的可能性也较大。

精美的博山炉在汉晋时也常被视为身份与地位的象征,目前发掘的多个西汉高规格墓葬中都有此类熏炉出现。魏晋时期还有许多"博山炉赋",并常将熏香和博山炉作为上层社会优越生活的标志,如昭明太子萧统《铜博山香炉赋》有:"翠帷已低,兰膏未屏。畔松柏之火,焚兰麝之芳。"

南唐至初唐·铜博山炉

梁孝元帝萧绎《香炉铭》有："苏合氤氲，非烟若云，时秾更薄，乍聚还分。火微难尽，风长易闻，孰云道力，慈悲所薰。"

吴均《行路难》有："少年持名不肯尝，安知白驹应过隙。博山炉中百和香，郁金苏合及都梁。"

博山炉在佛教中也有广泛使用并很受推崇。佛教的博山炉常有所变化，多有莲花、火焰、祥云等带有佛教风格的造型和纹饰。在魏晋南北朝的佛教造像中，博山炉就常用作一种重要的供物。

博山炉模山拟海，独具气势，尖顶朝天，又有敬天礼地之意，再加上两汉宫廷及魏晋道教、佛教的推重，故也成为历史上地位最高的一种香炉。南北朝之后仍有久远的影响，唐宋明清历代都有仿制，人们也常将"博山""博山炉"用作香炉的代称。古代常有博山之前无香炉的说法，至今也多有流传。今知此说不实，现已出土多件早于博山炉的熏炉，还有距今四千多年的陶熏炉，可参见本书第一章"香文化史"先秦部分。

4. 珠光宝色的传奇——宣德炉

据明清文献记载，明代前期，明宣宗（年号宣德）曾遣人制作了一批极为精美的铜香炉，即后世所说的"宣德炉"。也有人认为，由于目前所见对宣德炉的较早记载仅能溯至明代后期（有些文献可能成于宣德年间，但也是迟至晚明才传出），所以，官铸宣炉的说法是否属实尚待考察。不过，即使此说不实，也仍然可以确知，至迟在晚明时，曾出现了一批称之为"宣德炉"的精美铜炉，且此后声名远扬，对明清时期的香炉产生了巨大影响。以下仅据《宣德鼎彝谱》（八卷本）等可信度相对较高的文献对传说中的"宣德炉"作一介绍。

明成祖朱棣迁都北京后的第四年，深受朱棣赏识的朱瞻基即位（前有仁宗，在位不久即去世），即明宣宗。宣宗在位十年，吏治清明，国泰民安，对明朝贡献甚大。

宣德三年（1428），暹罗（今泰国）贡来一批优质"风磨"铜（黄铜矿石），宣宗便遣人以这些有黄金般光泽的矿石为主料，精工制作了三千余件供祭祀及日用的鼎彝炉具，这些精美绝伦的香炉就是著名的宣德炉。

铸造宣炉所用的原料种类甚多，不同炉具的用料有所不同，除了黄铜矿石，还有数百两赤金，数千两白银以及锌、锡等金属，另有品类繁多、五彩斑斓

的矿石、宝石等物。

宣炉之前的鼎器大都采用无锌或低锌合金（例如青铜）。而制造宣炉的铜则是一种高锌合金，属于黄铜，硬度更大，也不易锈蚀。铜料的冶炼也极为精纯，普通的铜四炼即质优，而宣炉所用的铜，精者十二炼，少者也有六炼，每斤矿石出铜不足半斤，精者则又减半。

其铸造采用了工艺复杂的失蜡法，从而使炉器的造型更为自由，也没有范痕，表面光洁细腻，浑然一体。其大致方法是：先做出实心内范；再用黄蜡、牛油等制成与炉器完全相同的蜡模；在蜡模外面包涂厚厚的范料；此后以温火加热，使蜡模熔化流出；继续以高温加热，便有了坚硬的陶范；将液态合金浇入"蜡模"熔化而留下的空间，冷却成形，再上蜡抛光。

宣炉色泽内敛，古朴端庄，质感特殊。有些炉随季节、天气的改变或用温火烧炼，色泽还会发生变化。冒襄曾言："宣炉最妙在色。假色外炫，真色内融，从黯淡中发奇光，正如美女子肌肤柔腻可掐。蒸火久，灿烂善变，久不着火，即纳之污泥中，拭去如故。"项元汴言："宣炉之真者……如良金之百炼，宝色内涵，珠光外现，淡淡穆穆而玉毫金粟隐跃于肤里之间，若以冰消之晨，夜光晶莹映彻，迥非他物可以比方也。"

其色彩也十分丰富。一方面是使用各种颜料，通过反复的涂色、烘烤、浸泡等为铜料上色，另一方面也利用特殊的配料和冶炼方法改变铜料的颜色。炉身的整体颜色有棠梨色、蜡茶色、藏经纸色、蟹壳青色、栗壳色、琥珀色等多种；斑色亦多，如朱砂斑、石绿斑、石青斑、枣斑、桑葚斑、紫葡萄斑、黑漆古斑等；脚色也有多种。有的宣炉还以渗金、点金、鎏金、金银镶嵌等做装饰。

造型简洁大雅，款式甚多（有史料记为117种），大多是参仿商周名器、唐宋炉具等前代已有的式样（将其等比例缩小，宣炉高度大都在5—15厘米之间，最高者超过1米）。就整体造型而言，可分鼎炉、彝炉、乳炉、鬲炉、敦炉、杂式炉等几个大类，每一大类又分为数种，如杂式炉中包括博山炉、法盏炉、压经炉、九箍炉、橘囊炉、台几炉，等等。就局部造型而言，炉器的耳、边、口、足也有多种样式，如"耳"有蚰龙耳、双鱼耳、朝天耳、狮头耳、象耳等；"边"（炉身外壁的装饰）有弦纹边、梵文边、莲花边、云纹边、雷纹边，等等。

明·枣红色蚰龙耳彝炉

　　绝大多数的宣炉都没有炉盖。明代初期已流行使用线香，有可能签香也已流行，这应是宣炉多为无盖炉的一个重要原因。（可参见"香文化史"明清部分）

明·凤耳筒式炉

　　自宣德三年铸炉之后，一直有很多人追随仿制。参与铸炉的官员吴邦佐是最早的仿制者，宣炉停铸后，他即召集制作宣炉的工匠，用相同的方法自行"私"铸，其炉品质甚高（款字常为"琴书侣"）。明清时期，陆续有仿宣名家（如宣德年间的"且闲主人""高氏"）制作了很多精美的仿品。至于伪制宣炉者则不计其数，还发展出许多巧妙的伪制方法（"伪制"不同于"仿制"，款字亦模拟官铸宣炉，如"宣德""大明宣德年制"等）。此外，

一些制炉名家也常参仿宣炉的造型，如明末以錾花铜炉闻名的胡文明、以嵌银工艺闻名的石叟等人都制作了很多形似宣炉而雕饰精美的铜炉。

明代冶炼黄铜（铜锌合金）的工艺发达，宣炉之后，美观且不易锈蚀的黄铜香炉也更为普及，不耐高温、易碎的瓷炉则数量大减。

现在，人们也常将与宣德炉有相同特点的一些香炉（黄铜制作，采用失蜡法，敷有色皮，仿照宣炉的造型等）称为"宣德炉"，有时还用"宣德炉"代指铜香炉。

时至今日，宣德三年的官铸宣炉已极为罕见。要确证一些工艺高超的"宣德炉"是否为官铸炉具，即使对文物专家们来说也不是一件容易的事，不过，那些精美到真假难辨的"宣德炉"也足以成为稀世之宝。实际上，宣炉仿品中也有许多价值颇高的精品。

第五章　文人与香

1. 文人与香

不知是香的美妙吸引了中国的文人，还是因为有了文人的才思与智慧，香才变得如此美妙。总之，古代文人大都爱香，香与中国的文人似乎有种不解之缘。

约从魏晋开始，许多文人有了"香"这样一位雅士相伴。到唐宋时期，香便已完全融入文人的生活，此后风气长行，至明清不衰。

读书以香为友，独处以香为伴。书画会友，以香增其儒雅；参玄论道，以香致其灵慧。衣需香熏，被需香暖。调弦抚琴，清香一炷可佐其心而导其韵；幽窗破寂，绣阁助欢，香云一炉可畅其神而助其兴。书房有香，卧室有香，灯前有香，月下有香；伴读香、伴月香、梅花香、柏子香……隔火之香、印篆之香……沉香、檀香、甲香、芸香……更有和香练香，赠香寄香，惜香翻香，烧香销香，炉烟篆烟龙烟，香墨香纸香茶……确乎是书香难分，难怪明人周嘉胄叹曰："香之为用，大矣。"

文人以香养性

中国的香文化能千年兴盛并拥有丰富的文化内涵和较高的艺术品质，首先应归功于历代文人，而最能代表中国香文化整体特色的也正是文人的香。

文人士大夫不仅视用香为雅事，更将香与香气视为濡养性灵之物，虽不可口食，却可颐养身心。荀子《礼论》云："刍豢稻粱，五味调香，所以养口也。椒兰芬苾，所以养鼻也。……故礼者养也。"先秦时即以佩香、种香修明意志，"佩服愈盛而明，志意愈修而洁"。屈原《离骚》也明言自己是效法前贤，修能与内美并重："纷吾既有此内美兮，又重之以修能。扈江离与辟芷兮，纫秋兰以为佩。"苏轼亦有诗讲到鼻观与性观："四句烧香偈子，随香遍满东南。不是闻思所及，且令鼻观先参。"

修身养性、明理见性是传统文化的一个核心内容。儒家讲"养德尽性"，道家讲"修真炼性"，佛家讲"明心见性"，《中庸》言："唯天下至诚，为能尽其性；能尽其性，则能尽人之性；能尽人之性，则能尽物之性；能尽物之性，则可以赞天地之化育；则可以与天地参矣。"要"尽性"则要从修养身心入手，不修养则难得气之清，则云遮雾障，理难明，难臻尽性之境。古代文人用香，不只是享受芬芳，更是用香正心养神，故文人的香文化也是一种讲究心性的文化，文人的香也是切近心性的香。

香是"养鼻"的，"古者以芸为香，以兰为芬，以郁鬯为裸，以脂萧为焚，以椒为涂，以蕙为熏"，它从椒兰芬苾、萧芗郁艾开始，不是形式上的焚香，所以要讲香药选择与和香之法，要广罗香方、精心和香，"得之于药，制之于法，行之于文，成之于心"。

香是"审美"的，不仅仅是"芳香"，还要讲典雅、蕴藉、意境，所以有了"伴月香"，有了"香令人幽"，"香之恬雅者、香之温润者、香之高尚者"，其香品、香具、用香、咏香也多姿多彩、情趣盎然。

香是"究心"的，讲究养护身心，颐养本性；也讲究心性的领悟，没有拘泥于香气，更没有一味追求香品、香具的名贵。所以也有了陆游的"一寸丹心幸无愧，庭空月白夜烧香"，有了杨爵的"煅以烈火，腾为烟氲，上而不下，聚而不分，直冲霄汉，变为奇云"，有了杜甫的"心清闻妙香"，苏轼的"鼻观先参"，黄庭坚的"隐几香一炷，灵台湛空明"。它贴近心性之时，也贴近了日常的生活，虽是一种文人文化，却不是一种少数人的高高在上的贵族文化。

文人以香气养性的传统，也代表了知识阶层与社会上层对香的肯定，为香确立了很高的品位并赋之以丰厚的内涵，从而大大推动了用香，并使香进入了日常的生活，没有局限在宗教祭祀的范畴，而且还指明了香应有颐养身心的功用，从而又引导了香的制作与使用。

用香与推动用香

早在先秦时期，香文化尚在萌芽状态时，文人就给予了多方推动。当时所用虽仅兰蕙椒桂等品类有限的香草香木，但君子士大夫们亲之近之的态度已有清晰的展示，其可见于《诗经》《尚书》《礼记》《仪礼》《周礼》《论语》《孟子》《荀子》《楚辞》等诸多典籍。

西汉时，香文化有了跃进性的发展。就其现象而言，以汉武帝为代表的王公贵族盛行熏香，带动了熏香及熏炉的普及，对香文化的发展贡献甚大。就其理念而言，仍是先秦形成的香气养性的观念发挥了主导作用。西汉的诗赋也已写到熏香，如汉初司马相如《美人赋》："金铺熏香，黼帐低垂。"西汉的博山炉也有刘向撰写的铭文："上贯太华，承以铜盘。中有兰绮，朱火青烟。"

东汉中后期，熏香已在部分文人中有所流行。此间涌现出一批优秀的乐府诗及贴近生活的散文，成为魏晋文学"觉醒"的先声，其中就有关于熏烧之香的佳作，如汉诗名篇《四坐且莫喧》即写博山炉；散文名篇秦嘉徐淑夫妇的往还书信，亦载有寄赠香药以及熏香辟秽之事。

魏晋南北朝时，用香风气在文人间广泛流传，还有许多人从香药的品种、产地、性能、制香、香方等各个方面来研究香，还写出了制香的专著，如范

晔撰有《和香方》。也涌现出一批咏香的"六朝文章"，其数量众多，内容丰富，或写熏香的情致，或写熏炉、熏笼，或写迷迭香、芸香，托物言志，寄予情思，字里行间无不透露出对香的喜爱，许多作品还是出自文坛名家。

唐代，整个文人阶层普遍用香，北宋之后更是风气大盛。焚香、制香、赠香、写香、咏香，以香会友，种种香事已成文人生活中必不可少的内容。黄庭坚还曾直言："天资喜文事，如我有香癖。"率直以"香癖"自称者仅山谷一人，而爱香之唐宋文人则难以计数，文坛大家也比比皆是，如王维、李商隐、李煜、晏殊、欧阳修、苏轼、晏几道、黄庭坚、李清照、陆游、辛弃疾，等等。他们写到香的诗词也不是三五首，而是三五十首甚至是上百首，并且颇多佳作。明清文人更将熏香视为雅事，并且是雅中之雅。"时之名士，所谓贫而必焚香，必啜茗。"（《溉堂文集·坶斋记》）

唐宋以来，庞大的文人群体对整个社会的影响力巨大，不仅带动了用香，并且也是引导香文化发展的重要力量。

诗意盎然

古代文人不仅用香，还要用出情趣来，用出意境来，用出"学问"来。

晚唐以来深受文人喜爱的印香（香粉回环往复如篆字）即被赋予了丰富的诗意与哲理。欧阳修有："愁肠恰似沉香篆，千回万转萦还断。"苏轼有："一灯如萤起微焚，何时度尽缪篆纹。"辛弃疾有："心似风吹香篆过，也无灰。"王沂孙有："汛远槎风，梦深薇露，化作断魂心字。"

程序繁琐但没有烟气的"隔火熏香"也很受青睐。如李商隐《烧香曲》："八蚕茧绵小分炷，兽焰微红隔云母。"杨万里《烧香》："琢瓷作鼎碧于水，削银为叶轻如纸。……诗人自炷古龙涎，但令有香不见烟。"文徵明《焚香》："银叶荧荧宿火明，碧烟不动水沉清。"

史上也流传许多文人用香的轶事。同是焚香，却风格各异，可谓烧出了个性，烧出了特色。韩熙载喜对花焚香，花不同，香亦有别：木樨宜龙脑，酴醾宜沈水，兰宜四绝，含笑宜麝，薝蔔宜檀。徐铉喜月下焚香，常于月明之夜在庭院中焚烧自己制作的"伴月香"。蔡京喜"无火之香"（"放香"），常先在一侧房间焚香，香浓之后再卷起帘幕，便有香云飘涌而来。如此则烟火气淡，亦有气势。

除了熏烧的香，香药在文人生活中也有许多妙用，如书中置芸香草以辟虫（或熏烧芸香），有了"书香"；以麝香、丁香等入墨，有了香墨；以沉香树皮做纸，有了香纸（蜜香纸、香皮纸）；以龙脑、麝香入茶，有了香茶，等等。

可以说，香在古代文人心中享有很高的地位。陈继儒曾言："香令人幽，酒令人远，石令人隽，琴令人寂，茶令人爽，竹令人冷，月令人孤，棋令人闲，杖令人轻，水令人空，雪令人旷，剑令人悲，蒲团令人枯，美人令人怜，僧令人淡，花令人韵，金石鼎彝令人古。"（《太平清话》）

明人屠隆的一段话在一定程度上堪为文人用香的一个概括："香之为用，其利最溥。物外高隐，坐语道德，焚之可以清心悦神。四更残月，兴味萧骚，焚之可以畅怀舒啸。晴窗拓帖，挥尘闲吟，篝灯夜读，焚以远辟睡魔，谓古伴月可也；红袖在侧，秘语谈私，执手拥炉，焚以熏心热意，谓古助情可也。坐雨闭窗，午睡初足，就案学书，啜茗味淡，一炉初热，香霭馥馥撩人。更宜醉筵醒客，皓月清宵，冰弦戛指，长啸空楼，苍山极目，未残炉热，香雾隐隐绕帘，又可祛邪辟秽。随其所适，无施不可。"（《考槃余事·香笺》）

制香·赠香·着香

许多喜欢香的文人还收集、研制香方，采置香药，配药和香，做出得意的香品时也常呼朋唤友，一同品评比试。仅文人配制的梅花香，流传至今的就不下五十种。许多人堪称和香高手，如范晔、徐铉、苏轼、黄庭坚、范成大、

高濂，等等。香药、香品、香具等也是文人常用的赠物。

东汉诗人秦嘉曾向妻子徐淑寄赠"明镜、宝钗、好香（指香药）、素琴"，并有书信记之。秦嘉书言："明镜可以鉴形，宝钗可以耀首，芳香可以馥身，素琴可以娱耳。"徐淑书言："素琴之作，当须君归。明镜之鉴，当待君还。未奉光仪，则宝钗不列也。未侍帷帐，则芳香不发也。"（《艺文类聚》）

欧阳修为感谢蔡襄书《集古录目序》，赠之茶、笔等雅物。此后又有人送欧阳修一种熏香用的炭饼"清泉香饼"，蔡襄闻之深感遗憾，以为若香饼早来，欧阳修必随茶、笔一同送来，遂有"香饼来迟"之叹。（《归田录》）

苏轼曾专门和制了一种印香（调配的香粉，可用模具框范成篆字或图案），还准备了制作印香的模具（银篆盘）、檀香木雕刻的观音像，送给苏辙做寿礼，并赠诗《子由生日以檀香观音像及新合印香银篆槃为寿》，诗句亦多写香。苏辙六十大寿时，苏轼又寄海南沉香（木）雕刻的假山及《沉香山子赋》。

黄庭坚也常和制香品，寄赠友人，还曾辑宗茂深喜用的"小宗香"香方（用沉香、苏合香等）并为香方作跋："南阳宗少文嘉遁江湖之间，援琴作金石弄，远山皆与之同声，其文献足以配古人。孙茂深亦有祖风，当时贵人欲与之游，不得，乃使陆探微画像，挂壁观之。闻茂深闭阁焚香，作此香馈之。"（《山谷集·书小宗香》）

"明末四公子"之冒襄与爱姬董小宛皆爱香，也曾搜罗香药、香方，一起制香，"手制百丸，诚闺中异品"。董去世后，这段生活仍令冒襄深为怀恋："忆年来共恋此味此境，恒打晓钟尚未著枕，与姬细想闺怨，有斜倚薰篮，拨尽寒炉之苦，我两人如在蕊珠众香深处。今人与香气俱散矣，安得返魂一粒，起于幽房扃室中也。"（《影梅庵忆语》）

很多文人都有描写"制香"（"和香"）的诗文。如：

苏洵有《香》写到用模具制作"线香"（取麝香、蔷薇露、鸡舌香、苏合香等香药）："捣麝筛檀入范模，润分薇露合鸡苏。一丝吐出青烟细，半炷烧成玉箸粗。……轩窗几席随宜用，不待高擎鹊尾炉。"此诗也是关于线香制作的较早记录。

陆游《烧香》写到用海南沉香、麝香、蜂蜜等和制熏香："宝熏清夜起氤氲，寂寂中庭伴月痕。小斫海沉非弄水，旋开山麝取当门。蜜房割处春方半，花露收时日未暾。安得故人同晤语，一灯相对看云屯。"

古代文人也有大量香学著述，广涉香药性状、香方、制香、用香、品香等各个领域。

如文学家、史学家范晔曾撰《和香方》，据笔者初步考察，此书还是目前所知最早的香方专书，正文已佚，但有自序留传。撰洪氏《香谱》的洪刍是江西诗派的知名诗人，与兄弟洪朋、洪炎、洪羽并称"四洪"。撰《名香谱》(叶氏《香录》)的叶廷珪、撰颜氏《香史》的颜博文也是宋代知名诗人或词人。撰《香乘》的周嘉胄也是明末知名文士，所著《装潢志》也是书画装裱方面的重要著作。

还有许多文人，虽无香学专书，却也对香和香药颇有研究，在其文章或著作的有关章节留有各种记述。例如，对于传统香的一种重要香药沉香（清凉性温，能调和各种香药，和香多用），宋代文人即有丰富的阐述。

范成大《桂海虞衡志·志香》有："沈水香，上品出海南黎峒……大抵海南香气皆清淑，如莲花、梅英、鹅梨、蜜脾之类，焚一博投许，氛翳弥室，翻之四面悉香，至煤烬气不焦，此海南香之辨也。……中州人士但用广州舶上占城、真腊等香，近年又贵丁流眉来者，余试之，乃不及海南中下品。"

苏轼《沉香山子赋》亦论海南沉香："方根尘之起灭，常颠倒其天君。每求似于仿佛，或鼻劳而妄闻。独沉水为近正，可以配薝卜而并云。矧儋崖之异产，实超然而不群。既金坚而玉润，亦鹤骨而龙筋。惟膏液之内足，故把握而兼斤。""幸置此于几席，养幽芳于悦忭。无一往之发烈，有无穷之氤氲。"

咏香·和诗之香·名作之香

古代文人和诗也常以香为题，如曹丕曾在宫中引种迷迭香，邀曹植、王粲等人同赏并以《迷迭香》为题作赋。曹丕诗有："随回风以摇动兮，吐芳气之穆清。"曹植有："播西都之丽草兮，应青春而凝晖。……信繁华之速实兮，弗见凋于严霜。"（迷迭香为小灌木，其匍匐品种植株低矮，自西域传入，亦耐寒。）

南朝刘绘曾有《咏博山香炉诗》："参差郁佳丽，合沓纷可怜。蔽亏千种树，出没万重山。……寒虫悲夜室，秋云没晓天。"沈约和之，有《和刘雍州绘博山香炉》："范金诚可则，摛思必良工。凝芳自朱燎，先铸首山铜。……百和清夜吐，兰烟四面充。如彼崇朝气，触石绕华嵩。"

杜甫、王维、岑参曾和贾至《早朝大明宫》，贾、杜、王诗都写到朝堂熏香。贾至原诗有："剑佩声随玉墀步，衣冠身染御炉香。"杜甫有："朝罢香烟携满袖，诗成珠玉在挥毫。"王维有："日色才临仙掌动，香烟欲傍衮龙浮。"（朝堂设香炉熏香）

黄庭坚曾以他人所赠"江南帐中香"为题作诗赠苏轼，有："百炼香螺沉水，宝熏近出江南。一穟黄云绕几，深禅想对同参。"苏轼和之，有："四句烧香偈子，随香遍满东南。不是闻思所及，且令鼻观先参。""万卷明窗小字，眼花只有斓斑。一炷烟消火冷，半生身老心闲。"黄庭坚复答，有："迎笑天香满袖，喜公新赴朝参。""一炷烟中得意，九衢尘里偷闲。"

宋末元初，南宋皇陵遭毁辱，王沂孙、周密等文人曾结社填词，以《龙涎香》为题作词，托江山沦亡之悲。王沂孙词有："孤峤蟠烟，层涛蜕月，骊宫夜采铅水。汛远槎风，梦深薇露，化作断魂心字。……一缕萦帘翠影，依稀海天云气……荀令如今顿老，总忘却、樽前旧风味。漫惜余熏，空篝素被。"

历史上的许多脍炙人口的名篇也写到了香，如李商隐《无题》有："金蟾啮锁烧香入，玉虎牵丝汲井回。……春心莫共花争发，一寸相思一寸灰。""金蟾"指兽形香炉，"灰"指香灰。

李清照《醉花阴》有："薄雾浓云愁永昼，瑞脑消金兽。住节又重阳，玉枕纱厨，半夜凉初透。　东篱把酒黄昏后，有暗香盈袖。莫道不消魂，帘卷西风，人比黄花瘦。""瑞脑"指龙脑香，"金兽"指兽形（铜）香炉。

李清照《凤凰台上忆吹箫》有："香冷金猊，被翻红浪，起来慵自梳头。……这回去也，千万遍《阳关》，也则难留。念武陵人远，烟锁秦楼。""金猊"指狻猊状（铜）香炉。

蒋捷《一剪梅》有："一片春愁待酒浇，江上舟摇，楼上帘招。秋娘渡与泰娘桥，风又飘飘，雨又潇潇。　何日归家洗客袍？银字笙调，心字香烧。流光容易把人抛，红了樱桃，绿了芭蕉。""心字香"指盘曲如篆字"心"的印香。

古代还有很多专咏焚香、香烟、香品（印香、线香等）、香药（迷迭香、郁金、芸香等）、香具（香炉、熏球等）的作品，如刘向《熏炉铭》、傅玄《郁金赋》、傅咸《芸香赋》、萧统《铜博山香炉赋》、元稹《香球》、苏洵《香》（线香）、黄庭坚《贾天赐惠宝薰乞诗予以兵卫森画戟燕寝凝清香十字作诗报之》、陈与义《烧香》、瞿佑《香印》（写印香），等等。（可参见本章"咏香诗文"一节）

几千年来的缕缕馨香，始终像无声的春雨一样滋润熏蒸着历代文人的心灵，而中国的哲学与艺术也向来有种"博山虽冷香犹存"的使人参之不尽、悟之更深的内涵，或许其中也有香的作用吧。

近世以来，香渐渐退出了人们的日常生活，不过，香与文人的缘分似乎从来也没有真正断绝过。至今在许多人的书房中，仍能看到雅致的香炉和静静飘散的香烟。

不知是被忽略和遗忘，还是人们有意回避，对传统文化的探讨很少涉及香与文人的关系。若能就此做些深入的研究，也将大大有助于我们领悟中国文化的真谛。

2. 文坛轶事

秦嘉寄香传情

东汉桓帝时，诗人秦嘉在陇西郡为官，妻子徐淑有疾，为不拖累丈夫，便回母亲家养病。秦嘉因公务需远赴京城洛阳久居，想临行前与妻子相见，便遣车去接徐淑。但徐淑未愈，未能随车而还，只得修书一封，言心中思念，并安慰丈夫且以京城繁华聊解别离之思："身非形影，何得动而辄俱？体非比目，何得同而不离。……今适乐土，优游京邑，观王都之壮丽，察天下之珍妙，得无目玩意移，往而不能出耶？"

秦嘉又寄赠妻子明镜、宝钗、好香、素琴，并信，言："间得此镜，既明且好。……并宝钗一双，好香四种，素琴一张，常所自弹也。明镜可以鉴形，宝钗可以耀首，芳香可以馥身，素琴可以娱耳。"徐淑回信，言等待相见，情意动人："昔诗人有飞蓬之感，班婕妤有谁荣之叹。素琴之作，当须君归。明镜之鉴，当待君还。未奉光仪，则宝钗不列也。未侍帷帐，则芳香不发也。"徐淑又寄物品："分奉金错碗一枚，可以盛书。水琉璃碗一枚，可以服药酒。"

两人又互赠诗文及其他物品，秦嘉赶赴洛阳。后来，秦嘉不幸病逝，生离终成死别。徐淑惊闻噩耗，千里奔丧。此后不胜悲恸，不久也溘然长逝。唯余书信诗词，情动后人，余音千载。

徐铉焚香伴月

徐铉是五代宋初时著名文字学家。南唐时曾任翰林学士、吏部尚书等职，后到宋朝做官，以学识渊博、通达古今闻名朝野。徐铉喜香，亦是制香高手，常在月明之夜于庭院中焚上一种香，静心问学，还给这种心爱的香取了个雅致的名字——伴月香。

徐铉书法造诣深厚，笔笔中锋，端庄而不失风韵，透光观察则见每一笔画正中都有一线隐现其中，如笔画之骨，绝无偏移。人们对书画家用笔所赞誉的"如锥划沙""如屋漏痕"即始于人们对徐铉用笔的称道。有人问其奥妙，徐铉答曰："心正则笔正。"所摹李斯《峄山刻石》，高古浑厚，颇具价值。

欧阳修香饼来迟

欧阳修在宋代文坛地位颇高，曾荐拔王安石、曾巩、苏洵、苏轼、苏辙等人，在金石学方面也很有成就，曾历时十余年整理了周代以后的金石器物和铭文碑刻，编成了一部著名的金石学专集《集古录》。

成书后，欧阳修特意请大书法家蔡襄书写他的《集古录目序》，并对蔡襄的字大加称赞："其字尤精劲，为世所珍。"又特意给蔡襄送去了鼠须笔、笔格、龙团茶、"惠山泉"（矿泉水）等做"润笔"之物，这些典雅得体的礼品令蔡襄开怀大笑，欣然受之。

月余后，有人给欧阳修送来一筐"清泉香饼"（熏香用的炭饼，用炭粉等料和制而成），品质甚好，一饼可燃一日。蔡襄知道后很是羡慕，叹道：可惜，香饼来迟了。若早点送给欧阳公，（其必转送于我）我也能多一个润笔之物啊！

蔡京香云滚滚

一日，有宾客来看望蔡京。蔡京令人焚香，侍者应声而去，此后却久久未见返回，客人感觉奇怪，还以为侍者忘了焚香之事。又过了许久，侍者终于回来了，却还是两手空空，未见香炉，却向蔡京回禀："已满。"蔡京言："放。"侍者又应声而去。随即，厅堂一侧的门帘卷起来，便有香烟从帘后涌出，如云如雾，满室皆香。客人大为惊喜，蔡京则得意地说："如此烧香则没有烟火气。"（另有版本为：如此烧香才有气势）

蔡京书法造诣甚高，书风流畅劲健，自成一家，时与苏轼、黄庭坚、米芾并称"苏黄米蔡"。亦是宋徽宗时宰相、宠臣，有误国之名。

梅询一身浓香

北宋梅询，真宗时已是名臣，仁宗时任翰林侍读学士，曾劝谏仁宗体恤百姓。后来破格"出外"，任许州知州。

梅询喜欢熏香，每天上班前都要先焚上两炉好香，把官服罩在炉上熏透（盖为一只香炉熏一只衣袖），为防香气散失，还要捏起袖口方才出门。至办公之处，坐定，撒开两袖，于是香气幽然而出，满室皆香。朝中还有几个颇有"特色"的官员：盛度丰肥；丁谓（曾撰《天香传》）瘦削；窦元宾不修边幅，不常洗澡而体味重，时人便有"盛肥丁瘦，梅香窦臭"之说。

梅学士另有轶事。一日，梅询苦于文书繁杂，到庭院里散心，见一老兵正很舒服地晒太阳，便羡慕道："你真是很快活啊！"继而又问："识字吗？"老兵答："不识字。"梅询又叹："那就更快活了！"

于谦两袖清风

于谦是明代前期名臣，曾率京城军民英勇抗击瓦剌，救明朝于危难。

正统年间，朝中昏聩，行贿成风。时任巡抚的于谦因公务进京，觐见皇帝。别人曾携线香、丝帕等特产作为觐见的礼物。于谦拒绝效法，并感此而作《入京》一诗："绢帕蘑菇与线香，本资民用反为殃。清风两袖朝天去，免得闾阎话短长。"此诗言辞平易却志节动人，民间传诵一时。

成语"两袖清风"即出于此。"朝天"指觐见天子。"闾阎"，里巷内外的门，常指街巷，此处借指"民间"。于谦另有名作《石灰吟》："千锤万击出深山，烈火焚烧若等闲。粉骨碎身全不怕，要留清白在人间。"

刁存口含鸡舌香

东汉桓帝时，有侍中（侍奉于皇帝左右的官员）名刁存，年长，有口臭。一日，桓帝赐刁存一个状如钉子的东西，令他含到嘴里。刁存不知何物，惶恐中只好遵命，又觉得此物味辛刺口，便以为是皇帝赐死的毒药，没敢立即咽下去，急忙回家与家人诀别，命家人速置灵堂，后卧以待毙。恰有一位好友朝归来访，感觉这事有些奇怪，便让刁存把"毒药"吐出来看看。刁存吐出后，却闻到一股浓郁的香气。那朋友上前观察，认出那不是什么毒药，而是一枚上等的鸡舌香，遂成笑谈。

"鸡舌香"，形如钉子，又名丁子香、丁香，是用南洋岛屿"洋丁香"树的花蕾所制，非中国多见的"丁香"。其气息清香，常含在口中用以香口（似口香糖），但含之有辛辣感。东汉时的鸡舌香是名贵的"进口香药"，故常人大多不知。

贾充闻香嫁女

西晋权臣贾充，次女名贾午。贾充会客时，贾午常在一侧偷窥。客人中有一个贾充的幕僚名叫韩寿，潇洒俊美。贾午心生爱慕，于是背着家人与韩寿互通音信，两人情投意合，贾充却毫无觉察。贾充家中有皇帝所赐的一种西域奇香，被贾午偷出来送给了韩寿。别人闻到韩寿身上奇异的香

气，言谈间告诉了贾充。贾充起了猜疑，又联想到种种可疑之处，便开始调查此事，于是发现了女儿的秘密。故事的结局很圆满，贾充也很欣赏韩寿，让两人成婚。

这个故事流传甚广，欧阳修还有词记之："江南蝶，斜日一双双。身似何郎全傅粉，心如韩寿爱偷香。"

含章殿下育梅魂（传说）

寿阳公主是南朝宋武帝刘裕之女，娇丽灵秀，对梅花情有独钟，人称"梅神"。

相传，一个正月的初七，公主在宫中赏梅，一时困倦，便在含章殿檐下小睡。一朵梅花飘落额上，留下清晰花痕，公主醒后拂之不去，容貌更加动人了。宫中女子争相效仿，"梅花妆"（寿阳妆）便从此流行开来。有专家研究，后来的唐妆即效仿"寿阳妆"（也常将正月初七当作梅花的"生日"）。公主还曾参梅花之妙，聚合花魂，用带花的梅枝及香药配制了"寿阳公主梅花香"等数种名香。她的香制作严谨，每一束梅枝都要亲自采剪，每一种香药都要亲自挑选，并要择良辰吉日才能和香。其香清雅高贵，烟云缥缈，暗香浮动，如入万花竞放的梅林，常送春信于人间。

燕济焚供天地三神香（传说）

相传汉明帝时有修道之人燕济（字仲微），曾在三公山的一个石洞里修行。（三公山与华山主峰隔壑相望，山势险峻，至今峰顶仍有两个石洞：一名"燕公石室"，传为燕济隐居处；一名"焦公石室"，传为晋代道人焦先隐居处）山上毒虫邪祟甚多，燕济入静时常受惊扰，无奈之下，只好下山移至华阴县的一处道庵。

曾有三位神人来到庵中，以修行人的行状，借宿乞食。燕济敬为上尊，悉心照顾。临别前，为燕济留下一些香。在谈话中三人还曾提到这种香，说它和自然之理，得天地玄妙，是难得的奇香。三人离去后，燕济带着这些香返回了三公山的石洞，练功前先焚上香，果然没有毒虫邪祟来干扰他了，修炼也大有提高。

一日，那位送香的人又散发背琴，飘然而至，在石壁上刻了一则香方后，驭风而去，留下美妙的琴声。

据说，三位留香的人之一就是著名的清灵真人裴元仁（裴君），所赐香方即"三神香"，其制法严谨，功效神奇，能开天门地户，除猛兽毒蛇，等等。

梁武帝焚香请高僧（传说）

南朝梁武帝萧衍曾大力倡导佛教，当时的京城寺庙林立，僧侣多达数万人。虽然讲经的法师不计其数，但人们都说唯有法云、云光、宝志三人为证果者，能讲到天花飘坠，天人共参，梁武帝对他们也格外尊敬。

一日，武帝又想请三位高僧来宫中说法，并想到他们是有神通的证果之人，不该再用世俗的礼节，便用敬香之法邀请之。于是，武帝沐浴更衣，子时来佛堂敬香。青烟直上，天香四溢，武帝静心默念：恭请三位法师明日午时到宫中应供。

次日一早，武帝即命人准备斋宴，但午时后，仅宝志禅师一人来到宫中。武帝也由此明白，法云、云光两位法师只是名声在外，并未达到传说中的境界，从而对宝志禅师更加敬仰。武帝还曾专门下了一道诏书，颂赞宝志禅师并助其弘法："大士宝志，迹拘尘垢，神游冥寂，水火不能燋濡，蛇虎不能侵惧。语其佛理，则声闻以上。谈其隐沦，则遁仙高者。岂可以俗法常情空相疑忌。自今中外，任便宣化。"

3. 咏香诗文

古代文人也留有大量咏香或涉香的诗文，亦多名家作品，可谓笔下博山常暖，心中香火不衰，千年走来，正是中国香文化的壮观写照：

先秦·两汉

○【尚书】

　　至治馨香，感于神明；黍稷非馨，明德惟馨。（《君陈》）

○【诗经】

　　厥初生民？时维姜嫄。生民如何？克禋克祀，以弗无子。（《生民》）

　　取萧祭脂，取羝以轭，载燔载烈，以兴嗣岁。卬盛于豆，于豆于登。其香始升，上帝居歆。（《生民》）

　　维清缉熙，文王之典。肇禋。迄用有成，维周之祯。（《维清》）

　　彼采萧兮，一日不见，如三秋兮！彼采艾兮，一日不见，如三岁兮！（《采葛》）

　　溱与洧，方涣涣兮。士与女，方秉蕳兮。……维士与女，伊其相谑，赠之以勺药。（《溱洧》）

○【荀子】

　　刍豢稻粱，五味调香，所以养口也。椒兰芬苾，所以养鼻也。（《礼论》）

○【楚辞】

　　纷吾既有此内美兮，又重之以修能。扈江离与辟芷兮，纫秋兰以为佩。（《离骚》）

　　余既滋兰之九畹兮，又树蕙之百亩。（《离骚》）

　　户服艾以盈要兮，谓幽兰其不可佩。（《离骚》）

　　蕙肴蒸兮兰藉，奠桂酒兮椒浆。（《九歌·东皇太一》）

　　浴兰汤兮沐芳，华采衣兮若英。（《九歌·云中君》）

　　兰膏明烛，华容备些。（《招魂》）

○【司马相如·美人赋（选）】

　　寝具既设，服玩珍奇；金鉔熏香，黼帐低垂。

　　（金鉔：盖指熏球或其他可旋转的香具）

○【刘向·熏炉铭】

　　嘉此正器，崭岩若山。上贯太华，承以铜盘。

　　中有兰绮，朱火青烟。蔚术四塞，上连青天。

　　雕镂万兽，离娄相加。

○【汉书·龚胜传（选）】

　　熏以香自烧，膏以明自销。

○【汉无名氏·四坐且莫喧】

　　四坐且莫喧，愿听歌一言。请说铜炉器，崔嵬象南山。

　　上枝似松柏，下根据铜盘。雕文各异类，离娄自相联。

　　谁能为此器，公输与鲁班。朱火燃其中，青烟扬其间。

　　顺风入君怀，四坐莫不欢。香风难久居，空令蕙草残。

　　（博山炉高耸如山。蕙草：香草）

○【汉无名氏·孔雀东南飞（选）】

　　妾有绣腰襦，葳蕤自生光。红罗复斗帐，四角垂香囊。

○【繁钦·定情诗（选）】

　　我出东门游，邂逅承清尘。思君即幽房，侍寝执衣巾。

　　时无桑中契，迫此路侧人。我既媚君姿，君亦悦我颜。

　　何以致拳拳？绾臂双金环。何以道殷勤？约指一双银。

　　何以致区区？耳中双明珠。何以致叩叩？香囊系肘后。

　　何以致契阔？绕腕双跳脱。何以结恩情？佩玉缀罗缨。

　　（恋人以香囊等作信物。拳拳、叩叩：诚挚、坚贞）

魏晋南北朝

○【曹丕（魏文帝）·迷迭赋（并序）】

　　余种迷迭于中庭，嘉其扬条吐香，馥有令芳，乃为之赋曰：

　　坐中堂以游观兮，览芳草之树庭。重妙叶于纤枝兮，扬修干而结茎。承灵露以润根兮，嘉日月而敷荣。随回风以摇动兮，吐芳气之穆清。薄六夷之秽俗兮，越万里而来征。岂众卉之足方兮，信希世而特生。

○【曹植·迷迭香赋】

　　播西都之丽草兮，应青春而凝晖。流翠叶于纤柯兮，结微根于丹墀。信繁华之速实兮，弗见凋于严霜。芳暮秋之幽兰兮，丽昆仑之英芝。既经时而收采兮，遂幽杀以增芳，去枝叶而特御兮，入绡縠之雾裳。附玉体以行止兮，顺微风而舒光。

○【曹植·妾薄命（选）】

　　袖随礼容极情，妙舞仙仙体轻。裳解履遗绝缨，俯仰笑喧无呈。览持佳人玉颜，齐举金爵翠盘。手形罗袖良难，腕弱不胜珠环，坐者叹息舒颜。御巾裛粉君傍，中有霍纳都梁。鸡舌五味杂香，进者何人齐姜，恩重爱深难忘。召延亲好宴私，但歌杯来何迟。客赋既醉言归，主人称露未晞。

○【傅玄·郁金赋】

　　叶萋萋以翠青，英蕴蕴而金黄。树庵蔼以成荫，气芳馥而含芳。凌苏合之殊珍，岂艾网之足方。荣耀帝寓，香播紫宫。吐芬杨烈，万里望风。

○【傅玄·西长安行】

　　所思兮何在，乃在西长安。何用存问妾，香橙双珠环。何用重存问，羽爵翠琅玕。今我兮问君，更有兮异心。香亦不可烧，环亦不可沉。香烧日有歇，环沉日自深。

○【傅咸·芸香赋】

携昵友以消摇兮，览伟草之敷英。慕君子之弘覆兮，超托躯于朱庭。俯引泽于丹壤兮，仰汲润乎泰清。繁兹绿蕊，茂此翠茎。叶芰苁以纤折兮，枝阿那以回萦。象春松之含曜兮，郁蓊蔚以葱青。

○【谢惠连·雪赋（选）】

携佳人兮披重幄，援绮衾兮坐芳褥。燎薰炉兮炳明烛，酌桂酒兮扬清曲。

○【江淹·别赋（选）】

黯然销魂者，唯别而已矣！……同琼佩之晨照，共金炉之夕香。君结绶兮千里，惜瑶草之徒芳。

○【江淹·鲍参军昭戎行（选）】

孟冬郊祀月，杀气起严霜。戎马粟不暖，军士冰为浆。

○【江淹·休上人怨别】

西北秋风至，楚客心悠哉。日暮碧云合，佳人殊未来。
露彩方泛艳，月华始徘徊。宝书为君掩，瑶琴讵能开？
相思巫山渚，怅望阳云台。膏炉绝沉燎，绮席生浮埃。
桂水日千里，因之平生怀。

○【鲍照·芜城赋（选）】

若夫藻扄黼帐，歌堂舞阁之基，璇渊碧树，弋林钓渚之馆，吴、蔡、齐、秦之声，鱼龙爵马之玩。皆熏歇烬灭，光沉响绝。东都妙姬，南国佳人，蕙心纨质，玉貌绛唇。莫不埋魂幽石，委骨穷尘。岂忆同舆之愉乐，离宫之苦辛哉？

○【刘绘·咏博山香炉诗】

参差郁佳丽，合沓纷可怜。蔽亏千种树，出没万重山。

上镂秦王子，驾鹤乘紫烟。下刻蟠龙势，矫首半衔莲。

旁为伊水丽，芝盖出岩间。复有汉游女，拾羽弄余妍。

荣色何杂糅，缛绣更相鲜。麏麚或腾倚，林薄杳芊蔼。

掩华终不发，含熏未肯然。风生玉阶树，露湛曲池莲。

寒虫悲夜室，秋云没晓天。

○【沈约·和刘雍州绘博山香炉】

范金诚可则，摛思必良工。凝芳自朱燎，先铸首山铜。

瑰姿信岩崿，倚态实玲珑。峰嶝互相拒，岩岫杳无穷。

赤松游其上，敛足御轻鸿。蛟螭盘其下，骧首盼层穹。

岭侧多奇树，或孤或复丛。岩间有佚女，垂袂似含风。

翚飞若未已，虎视郁余雄。登山起重障，左右引丝桐。

百和清夜吐，兰烟四面充。如彼崇朝气，触石绕华嵩。

○【吴均·秦王卷衣】

咸阳春草芳，秦帝卷衣裳。玉检茱萸匣，金泥苏合香。

初芳薰复帐，余辉耀玉床。当须宴朝罢，持此赠华阳。

○【吴均·行路难】

君不见上林苑中客，冰罗雾縠象牙席。尽是得意忘言者，探肠见胆无所惜。白酒甜盐甘如乳，绿箸皎镜华如碧。少年持名不肯尝，安知白驹应过隙。博山炉中百和香，郁金苏合及都梁。逶迤好气佳容貌，经过青琐历紫房。已入中山冯后帐，复上皇帝班姬床。班姬失宠颜不开，奉帚供养长信台。日暮耿耿不能寐，秋风切切四面来。玉阶行路生细草，金炉香炭变成灰。得意失意须臾顷，非君方寸逆所裁。

○【王筠·行路难】

千门皆闭夜何央，百忧俱集断人肠。探揣箱中取刀尺，拂拭机上断流黄。情人逐情虽可恨，复畏边远乏衣裳。已缫一茧催衣缕，复捣百和裛衣香。犹忆去时腰大小，不知今日身短长。裲裆双心共一袜，袙复两边作八襊。襻带虽安不忍缝，开孔裁穿犹未达。胸前却月两相连，本照君心不照天。愿君分明得此意，勿复流荡不如先。含悲含怨判不死，封情忍思待明年。

○【萧衍（梁武帝）·河中之水歌】

河中之水向东流，洛阳女儿名莫愁。莫愁十三能织绮，十四采桑南陌头。十五嫁为卢家妇，十六生儿似阿侯。卢家兰室桂为梁，中有郁金苏合香。头上金钗十二行，足下丝履五文章。珊瑚挂镜烂生光，平头奴子擎履箱。人生富贵何所望？恨不早嫁东家王。

○【萧统（昭明太子）·铜博山香炉赋】

禀至精之纯质，产灵岳之幽深。经般倕之妙旨，运公输之巧心。

有蕙带而岩隐，亦霓裳而升仙。写嵩山之尨峐，象邓林之芊眠。方夏鼎之瑰异，类《山经》之傲诡。制一器而备众质，谅兹物之为侈。于时青女司寒，红光翳景。吐圆舒于东岳，匿丹曦于西岭。翠帷已低，兰膏未屏。畔松柏之火，焚兰麝之芳。荧荧内曜，芬芬外扬。似庆云之呈色，若景星之舒光。齐姬合欢而流盼，燕女巧笑而蛾扬。超公闻之见锡，粤女若之留香。信名嘉而器美，永服玩于华堂。

○【萧绎（梁孝元帝）·香炉铭】

苏合氤氲，非烟若云，时秾更薄，乍聚还分。

火微难尽，风长易闻，孰云道力，慈悲所薰。

○【沈满愿·竹火笼】

剖出楚山筠，织成湘水纹。寒销九微火，香传百和薰。

氤氲拥翠被，出入随缃裙。徒悲今丽质，岂念昔凌云。

○【傅縡·博山香炉赋】

器象南山，香传西国。丁谬巧铸，兼资匠刻。麝火埋朱，兰烟毁黑。结构危峰，横罗杂树。寒夜含暖，清霄吐雾。制作巧妙独称珍，淑气氤氲长似春。随风本胜千酿酒，散馥还如一硕人。

唐 · 五代

○【王维·奉和杨驸马六郎秋夜即事】

高楼月似霜，秋夜郁金堂。对坐弹卢女，同看舞凤凰。

少儿多送酒，小玉更焚香。结束平阳骑，明朝入建章。

○【王维·重酬苑郎中（选）】

何幸含香奉至尊，多惭未报主人恩。

草木尽能酬雨露，荣枯安敢问乾坤。

（汉尚书郎须口含鸡舌香奏事，以"含香"指代为官）

○【王维·和贾舍人《早朝大明宫》之作】

绛帻鸡人送晓筹，尚衣方进翠云裘。

九天阊阖开宫殿，万国衣冠拜冕旒。

日色才临仙掌动，香烟欲傍衮龙浮。

朝罢须裁五色诏，佩声归到凤池头。

（唐代朝堂设炉熏香）

○【王维·谒璇上人（选）】

少年不足言，识道年已长。事往安可悔，余生幸能养。

誓从断荤血，不复婴世网。浮名寄缨珮，空性无羁鞅。

夙承大导师，焚香此瞻仰。颓然居一室，覆载纷万象。

○【王维·饭覆釜山僧（选）】

晚知清净理，日与人群疏。将候远山僧，先期扫敝庐。

果从云峰里，顾我蓬蒿居。藉草饭松屑，焚香看道书。

○【杜甫·奉和贾至舍人早朝大明宫】

五夜漏声催晓箭，九重春色醉仙桃。

旌旗日暖龙蛇动，宫殿风微燕雀高。

朝罢香烟携满袖，诗成珠玉在挥毫。

欲知世掌丝纶美，池上于今有凤毛。

○【杜甫·紫宸殿退朝口号（选）】

户外昭容紫袖垂，双瞻御座引朝仪。

香飘合殿春风转，花覆千官淑景移。

○【杜甫·大云寺赞公房其三（选）】

灯影照无睡，心清闻妙香。夜深殿突兀，风动金锒铛。

○【杜甫·至日遣兴奉寄北省旧阁老两院故人二首（选）】

去岁兹辰捧御床，五更三点入鹓行。

欲知趋走伤心地，正想氤氲满眼香。

……

忆昨逍遥供奉班，去年今日侍龙颜。

麒麟不动炉烟上，孔雀徐开扇影还。

○【杜甫·宣政殿退朝晚出左掖（选）】

天门日射黄金榜，春殿晴曛赤羽旗。

宫草微微承委佩，炉烟细细驻游丝。

○【杜甫·即事（选）】

暮春三月巫峡长，晶晶行云浮日光。

雷声忽送千峰雨，花气浑如百和香。

○【李白·清平乐】

画堂晨起，来报雪花坠。高卷帘栊看佳瑞，皓色远迷庭砌。　　盛气光引炉烟，素草寒生玉佩。应是天仙狂醉，乱把白云揉碎。

○【李白·客中作】

兰陵美酒郁金香，玉碗盛来琥珀光。

但使主人能醉客，不知何处是他乡。

○【李白·寄远（其十一）】

美人在时花满堂，美人去后余空床。床中锈被卷不寝，至今三载闻余香。香亦竟不灭，人亦竟不来。相思黄叶尽，白露湿青苔。

○【李白·清平乐】

禁闱秋夜，月探金窗罅。玉帐鸳鸯喷兰麝，时落银灯香烛。　　女伴莫话孤眠，六宫罗绮三千。一笑皆生百媚，宸衷教在谁边。

○【白居易·赠朱道士】

仪容白皙上仙郎，方寸清虚内道场。

两翼化生因服药，三尸饿死为休粮。

醮坛北向宵占斗，寝室东开早纳阳。

尽日窗间更无事，唯烧一炷降真香。

○【白居易·后宫词】

泪湿罗巾梦不成，夜深前殿按歌声。

红颜未老恩先断，斜倚薰笼坐到明。

○【白居易·石楠树】

可怜颜色好阴凉，叶剪红笺花扑霜。

伞盖低垂金翡翠，熏笼乱搭绣衣裳。

春芽细炷千灯焰，夏蕊浓焚百和香。

见说上林无此树，只教桃柳占年芳。

○【白居易·郡斋暇日，忆庐山草堂，兼寄二林僧社三十韵，多叙贬官已来出处之意（选）】

南国秋犹热，西斋夜暂凉。闲吟四句偈，静对一炉香。

○【白居易·青毡帐二十韵（选）】

铁檠移灯背，银囊带火悬。深藏晓兰焰，暗贮宿香烟。

○【白居易·酬严十八郎中见示（选）】

口厌含香握厌兰，紫微青琐举头看。

忽惊鬓后苍浪发，未得心中本分官。

○【白居易·李夫人】

汉武帝，初丧李夫人。夫人病时不肯别，死后留得生前恩。君恩不尽念未已，甘泉殿里令写真。丹青画出竟何益？不言不笑愁杀人。又令方士合灵药，玉釜煎炼金炉焚。九华帐中夜悄悄，反魂香降夫人魂。夫人之魂在何许？香烟引到焚香处。既来何苦不须臾，缥缈悠扬还灭去。去何速兮来何迟，是耶非耶两不知。翠蛾仿佛平

生貌，不似昭阳寝疾时。魂之不来君心苦，魂之来兮君亦悲。背灯
隔帐不得语，安用暂来还见违。伤心不独汉武帝，自古及今皆若斯。
君不见穆王三日哭，重璧台前伤盛姬。又不见泰陵一掬泪，马嵬坡
下念杨妃。纵令妍姿艳质化为土，此恨长在无销期。生亦惑，死亦惑，
尤物惑人忘不得。人非木石皆有情，不如不遇倾城色。

○【王涯·宫词三十首（其三）】

　　五更初起觉风寒，香炷烧来夜已残。

　　欲卷珠帘惊雪满，自将红烛上楼看。

○【王建·秋夜曲二首（其一）】

　　天清漏长霜泊泊，兰绿收荣桂膏涸。

　　高楼云鬟弄婵娟，古瑟暗断秋风弦。

　　玉关遥隔万里道，金刀不剪双泪泉。

　　香囊火死香气少，向帷合眼何时晓。

　　城乌作营啼野月，秦州少妇生离别。

　　（香囊：熏烧香品的熏球）

○【王建·宫词一百首（其三十六）】

　　每夜停灯熨御衣，银熏笼底火霏霏。

　　遥听帐里君王觉，上直钟声始得归。

○【王建·香印】

　　闲坐烧印香，满户松柏气。火尽转分明，青苔碑上字。

○【刘禹锡·更衣曲（选）】

　　博山炯炯吐香雾，红烛引至更衣处。夜如何其夜漫漫，邻鸡未鸣寒雁度。

○【许浑·茅山赠梁尊师】

　　云屋何年客，青山白日长。钟花春扫雪，看篆夜焚香。

　　上象壶中阔，平生梦里忙。幸承仙籍后，乞取大还方。

○【元稹·香球】

　　顺俗唯团转，居中莫动摇。爱君心不恻，犹讶火长烧。

○【李贺·沙路曲】

　　柳脸半眠丞相树，珮马钉铃踏沙路。

　　断烬遗香袅翠烟，烛骑啼乌上天去。

　　帝家玉龙开九关，帝前动笏移南山。

　　独垂重印押千官，金窠篆字红屈盘。

　　沙路归来闻好语，旱火不光天下雨。

○【李贺·追赋画江潭苑四首（其四）】

　　十骑簇芙蓉，宫衣小队红。练香熏宋鹊，寻箭踏卢龙。

　　旗湿金铃重，霜干玉镫空。今朝画眉早，不待景阳钟。

○【温庭筠·病中书怀呈友人（选）】

　　鸣玉锵登降，衡牙响曳娄。祀亲和氏璧，香近博山炉。

○【温庭筠·达摩支曲】

捣麝成尘香不灭，拗莲作寸丝难绝。红泪文姬洛水春，白头苏武天山雪。君不见无愁高纬花漫漫，漳浦宴余清露寒。一旦臣僚共囚虏，欲吹羌管先汍澜。旧臣头鬓霜华早，可惜雄心醉中老。万古春归梦不归，邺城风雨连天草。

○【温庭筠·清平乐】

上阳春晚，宫女愁蛾浅。新岁清平思同辇，争奈长安路远。　　凤帐鸳被徒熏，寂寞花锁千门。竞把黄金买赋，为妾将上明君。

洛阳愁绝，杨柳花飘雪。终日行人争攀折，桥下水流呜咽。　　上马争劝离觞，南浦莺声断肠。愁杀平原年少，回首挥泪千行。

○【李商隐·隋宫守岁】

消息东郊木帝回，宫中行乐有新梅。

沉香甲煎为庭燎，玉液琼苏作寿杯。

遥望露盘疑是月，远闻箫鼓欲惊雷。

昭阳第一倾城客，不踏金莲不肯来。

（传说隋炀帝除夕大焚沉香甲香）

○【李商隐·无题】

飒飒东风细雨来，芙蓉塘外有轻雷。

金蟾啮锁烧香入，玉虎牵丝汲井回。

贾氏窥帘韩掾少，宓妃留枕魏王才。

春心莫共花争发，一寸相思一寸灰。

○【李商隐·烧香曲】

　　钿云蟠蟠牙比鱼，孔雀翅尾蛟龙须。漳宫旧样博山炉，楚娇捧笑开芙蕖。八蚕茧绵小分炷，兽焰微红隔云母。白天月泽寒未冰，金虎含秋向东吐。玉佩呵光铜照昏，帘波日暮冲斜门。西来欲上茂陵树，柏梁已失栽桃魂。露庭月井大红气，轻衫薄细当君意。蜀殿琼人伴夜深，金銮不问残灯事。何当巧吹君怀度，襟灰为土填清露。

○【罗隐·香】

　　沈水良材食柏珍，博山炉暖玉楼春。

　　怜君亦是无端物，贪作馨香忘却身。

　　（沉香密实者可沉水。麝喜食柏子）

○【罗隐·春晚寄钟尚书】

　　宰府初开忝末尘，四年谈笑隔通津。

　　官资肯便秩中路，酒盏还应忆故人。

　　江畔旧游秦望月，槛前公事镜湖春。

　　如今莫问西禅坞，一炷寒香老病身。

○【陆龟蒙·华阳巾】

　　莲花峰下得佳名，云褐相兼上鹤翎。

　　须是古坛秋霁后，静焚香炷礼寒星。

○【徐夤·香鸭】

　　不假陶熔妙，谁教羽翼全。五金池畔质，百和口中烟。

　　觜钝鱼难啄，心空火自燃。御炉如有阙，须进圣君前。

○【李璟·望远行】

玉砌花光锦绣明，朱扉长日镇长扃。夜寒不去寝难成，炉香烟冷自亭亭。　辽阳月，秣陵砧，不传消息但传情。黄金台下忽然惊，征人归日二毛生。

○【李煜·虞美人】

风回小院庭芜绿，柳眼春相续。凭阑半日独无言，依旧竹声新月似当年。　笙歌未散尊罍在，池面冰初解。烛明香暗画楼深，满鬓清霜残雪思难任。

○【李煜·采桑子】

亭前春逐红英尽，舞态徘徊。细雨霏微，不放双眉时暂开。　绿窗冷静芳音断，香印成灰。可奈情怀，欲睡朦胧入梦来。

○【李煜·浣溪沙】

红日已高三丈透，金炉次第添香兽，红锦地衣随步皱。　佳人舞点金钗溜，酒恶时拈花蕊嗅，别殿遥闻箫鼓奏。

（香兽：炭粉、香药等和制的兽形炭块）

○【李煜·一斛珠】

晚妆初过，沉檀轻注些儿个，向人微露丁香颗。一曲清歌，暂引樱桃破。　罗袖裛残殷色可，杯深旋被香醪涴，绣床斜凭娇无那。烂嚼红绒，笑向檀郎唾。

（沉檀：化妆点唇之"檀红"，粉红色。丁香：含以香口，产于南洋。

樱桃：樱桃小口。檀郎：西晋美男子潘安小名檀奴，檀郎借指情郎）

○【李煜·谢新恩】

　　樱花落尽阶前月，象床愁倚熏笼。远似去年，今日恨还同。　　双鬟不整云憔悴，泪沾红抹胸。何处相思苦，纱窗醉梦中。

○【花蕊夫人·宫词一百首（其二、其六十二、其七十三、其八十七）】

　　会真广殿约宫墙，楼阁相扶倚太阳。
　　净甃玉阶横水岸，御炉香气扑龙床。
　　……
　　蕙炷香销烛影残，御衣熏尽辄更阑。
　　归来困顿眠红帐，一枕西风梦里寒。
　　……
　　安排诸院接行廊，外槛周回十里强。
　　青锦地衣红绣毯，尽铺龙脑郁金香。
　　……
　　窗窗户户院相当，总有珠帘玳瑁床。
　　虽道君王不来宿，帐中长是炷牙香。

宋·元

○【林逋·霜天晓角】

　　冰清霜洁，昨夜梅花发。甚处玉龙三弄，声摇动，枝头月。　　梦绝，金兽热，晓寒兰烬灭。要卷珠帘清赏，且莫扫，阶前雪。

　　（醒来见兽形熏炉仍有香烟）

○【晏殊·踏莎行】

小径红稀，芳郊绿遍，高台树色阴阴见。春风不解禁扬花，濛濛乱扑行人面。　　翠叶藏莺，朱帘隔燕，炉香静逐游丝转。一场愁梦酒醒时，斜阳却照深深院。

○【晏殊·浣溪沙】

宿酒才醒厌玉卮，水沉香冷懒熏衣，早梅先绽日边枝。　　寒雪寂寥初散后，春风悠扬欲来时，小屏闲放画帘垂。

○【柳永·祭天神】

忆绣衾相向轻轻语，屏山掩、红蜡长明，金兽盛熏兰炷。何期到此，酒态花情顿孤负。柔肠断、还是黄昏，那更满庭风雨。　　听空阶和漏，碎声斗滴愁眉聚。算伊还共谁人，争知此冤苦？念千里烟波，迢迢前约，旧欢慵省，一向无心绪。

○【柳永·玉楼春】

昭华夜醮连清曙，金殿霓旌笼瑞雾。九枝擎烛灿繁星，百和焚香抽翠缕。　　香罗荐地延真驭，万乘凝旒听秘语。卜年无用考灵龟，从此乾坤齐历数。

○【欧阳修·一斛珠】

今朝祖宴，可怜明夜孤灯馆。酒醒明月空床满，翠被重重，不似香肌暖。　　愁肠恰似沉香篆，千回万转萦还断。梦中若得相寻见，却愿春宵，一夜如年远。

○【欧阳修·玉楼春】

珠帘半下香销印，二月东风催柳信。琵琶傍畔且寻思，鹦鹉前头休借问。　惊鸿过后生离恨，红日长时添酒困。未知心在阿谁边，满眼泪珠言不尽。

○【欧阳修·踏莎行】

云母屏低，流苏帐小，矮床薄被秋将晓。乍凉天气未寒时，平明窗外闻啼鸟。　困嫌榴花，香添蕙草，佳期须及朱颜好。莫言多病为多情，此身甘向情中老。

○【欧阳修·越溪春】

三月十三寒食日，春色遍天涯。越溪阆苑繁华地，傍禁垣、珠翠烟霞。红粉墙头，秋千影里，临水人家。　归来晚驻香车，银箭透窗纱。有时三点两点雨霁，朱门柳细风斜。沈麝不烧金鸭冷，笼月照梨花。

○【曾巩·凝香斋】

每觉西斋景最幽，不知官是古诸侯。

一尊风月身无事，千里耕桑岁有秋。

云水醒心鸣好鸟，玉沙清耳漱寒流。

沉烟细细临黄卷，疑在香炉最上头。

○【邵雍·安乐窝中一炷香】

安乐窝中一炷香，凌晨焚意岂寻常。

祸如许免人须谄，福若待求天可量。

且异缁黄徽庙貌，又殊儿女袅衣裳。

中孚起信宁烦祷，无妄生灾未易禳。

虚室清泛都是白，灵台莹静别生光。

观风御寇心方醉，对景颜渊坐正忘。

赤水有珠涵造化，泥丸无物隔青苍。

生为男子仍身健，时遇昌辰更岁穰。

日月照临功自大，君臣庇荫效何长。

非徒闻道至于此，金玉谁家不满堂。

○【苏洵·香】

捣麝筛檀入范模，润分薇露合鸡苏。

一丝吐出青烟细，半炷烧成玉箸粗。

道士每占经次第，佳人惟验绣工夫。

轩窗几席随宜用，不待高擎鹊尾炉。

○【韦骧·菩萨蛮】

琼杯且尽清歌送，人生离合真如梦。瞬息又春归，回头光景非。　　香喷金兽暖，欢意愁更短。白发不须量，从教千丈长。

○【苏轼·和黄鲁直烧香二首】

四句烧香偈子，随香遍满东南。不是闻思所及，且令鼻观先参。

万卷明窗小字，眼花只有斓斑。一炷烟消火冷，半生身老心闲。

○【苏轼·翻香令】

金炉犹暖麝煤残，惜香更把宝钗翻。重闻处，余熏在，这一番、气味胜从前。　　背人偷盖小蓬山，更将沉水暗同然。且图得，氤氲久，为情深、嫌怕断头烟。

○【苏轼·西江月】

闻道双衔凤带，不妨单着鲛绡。夜香知与阿谁烧，怅望水沉烟袅。　　云鬟风前绿卷，玉颜醉里红潮。莫教空度可怜宵，月与佳人共僚。

○【苏轼·南乡子】

未倦长卿游，漫舞夭歌烂不收。不是使君矫世，谁留，教有琼梳脱麝油。　　香粉镂金球，花艳红笺笔欲流。从此丹唇并皓齿，清柔，唱遍山东一百州。

○【苏轼·临江仙】

诗句端来磨我钝，钝锥不解生铓。欢颜为我解冰霜。酒阑清梦觉，春草满池塘。　　应念雪堂坡下老，昔年共采芸香。功成名遂早还乡。回车来过我，乔木拥千章。

○【苏轼·沉香石】

壁立孤峰倚砚长，共疑沉水得顽苍。
欲随楚客纫兰佩，谁信吴儿是木肠。
山下曾逢化松石，玉中还有辟邪香。
早知百和俱灰烬，未信人言弱胜强。

○【苏轼·浣溪沙】

　　轻汗微微透碧纨，明朝端午浴芳兰。流香涨腻满晴川。　　彩
线轻缠红玉臂，小符斜挂绿云鬟。佳人相见一千年。

○【苏轼·浣溪沙】

　　桃李溪边驻画轮，鹧鸪声里倒清尊。夕阳虽好近黄昏。　　香
在衣裳妆在臂，水连芳草月连云。几时归去不销魂。

○【苏轼·子由生日以檀香观音像及新合印香银篆槃为寿】

　　旃檀婆律海外芬，西山老脐柏所熏。

　　香螺脱黡来相群，能结缥缈风中云。

　　一灯如萤起微焚，何时度尽缪篆纹。

　　缭绕无穷合复分，绵绵浮空散氤氲。

　　东坡持是寿卯君，君少与我师《皇》《坟》。

　　旁资老聃释迦文，共厄中年点蝇蚊。

　　晚遇斯须何足云，君方论道承华勋。

　　我亦旗鼓严中军，国恩当报敢不勤。

　　但愿不为世所醺，尔来白发不可耘。

　　问君何时返乡枌，收拾散亡理放纷。

　　此心实与香俱焄，闻思大士应已闻。

　　（旃檀：檀香。婆律：龙脑香的音译。海外：产于海外。老脐：麝香。
香螺脱黡：甲香，一种香螺口上的黡盖。缪篆：指印香，香粉回环，
如印章所用的篆体字"缪篆"）

○【晏几道·诉衷情】

　　御纱新制石榴裙，沉香慢火熏。越罗双带宫样，飞鹭碧波纹。　　随锦字，叠香痕，寄文君。系来花下，解向尊前，谁伴朝云。

○【晏几道·浣溪沙】

　　绿柳藏乌静掩关，鸭炉香细琐窗闲，那回分袂月初残。　　惜别漫成良夜醉，解愁时有翠笺还，欲寻双叶寄情难。

○【晏几道·诉衷情】

　　长因蕙草记罗裙，绿腰沈水熏。阑干曲处人静，曾共倚黄昏。　　风有韵，月无痕，暗消魂。拟将幽恨，试写残花，寄与朝云。

○【晏几道·采桑子】

　　西楼月下当时见，泪粉偷匀。歌罢还颦，恨隔炉烟看未真。　　别来楼外垂杨缕，几换青春。倦客红尘，长记楼中粉泪人。

○【秦观·满庭芳】

　　山抹微云，天粘衰草，画角声断谯门。暂停征棹，聊共引离尊。多少蓬莱旧事，空回首烟霭纷纷。斜阳外，寒鸦万点，流水绕孤村。　　销魂。当此际，香囊暗解，罗带轻分。谩赢得、青楼薄幸名存。此去何时见也，襟袖上空惹啼痕。伤情处，高城望断，灯火已黄昏。

○【秦观·减字木兰花】

　　天涯旧恨，独自凄凉人不问。欲见回肠，断尽金炉小篆香。　　黛蛾长敛，任是春风吹不展。困倚危楼，过尽飞鸿字字愁。

○【黄庭坚·有惠江南帐中香者戏答六言二首】

百炼香螺沉水，宝熏近出江南。一穟黄云绕几，深禅想对同参。

螺甲割昆仑耳，香材屑鹧鸪斑。欲雨鸣鸠日永，下帷睡鸭春闲。

（甲香取自香螺，炮制繁复。有大甲香名昆仑耳，有沉水香名鹧鸪斑）

○【黄庭坚·有闻帐中香以为熬蝎者戏用前韵二首】

海上有人逐臭，天生鼻孔司南。但印香严本寂，不必丛林遍参。

我读蔚宗香传，文章不减二班。误以甲为浅俗，却知麝要防闲。

（范晔，字蔚宗，著《和香方》。二班：班超、班固）

○【黄庭坚·子瞻继和复答二首】

置酒未容虚左，论诗时要指南。迎笑天香满袖，喜公新赴朝参。

迎燕温风旎旎，润花小雨斑斑。一炷烟中得意，九衢尘里偷闲。

○【黄庭坚·贾天赐惠宝薰乞诗予以兵卫森画戟燕寝凝清香十字作诗报之（其一、其五、其十）】

险心游万仞，躁欲生五兵。隐几香一炷，灵台湛空明。

……

贾侯怀六韬，家有十二戟。天资喜文事，如我有香癖。

……

衣篝丽纨绮，有待乃芬芳。当念真富贵，自薰知见香。

○【黄庭坚·清平乐】

冰堂酒好,只恨银杯小。新作金荷工献巧,图要连台拗倒。 《采莲》一曲清歌,争檀催卷金荷。醉里香飘睡鸭,更惊罗袜凌波。

○【黄庭坚·清人怨戏效徐庾慢体三首(其二)】

翡翠钗梁碧,石榴裙褶红。隙光斜斗帐,香字冷薰笼。
闻道西飞燕,将随北固鸿。鸳鸯会独宿,风雨打船蓬。

○【陈克·返魂梅次苏藉韵(其一)】

谁道春归无觅处,眠斋香雾作春昏。
君诗似说江南信,试与梅花招断魂。

○【毛滂·感皇恩】

绿水小河亭,朱栏碧甃。江月娟娟上高柳。画楼缥缈,尽挂窗纱帘绣。月明知我意,来相就。 银字吹笙,金貂取酒。小小微风弄襟袖。宝熏浓炷,人共博山烟瘦。露凉钗燕冷,更深后。

○【李清照·浣溪沙】

莫许杯深琥珀浓,未成沉醉意先融。疏钟已应晚来风。 瑞脑香销魂梦断,辟寒金小髻鬟松。醒时空对烛花红。

○【李清照·醉花阴】

薄雾浓云愁永昼,瑞脑消金兽。佳节又重阳,玉枕纱厨,半夜凉初透。 东篱把酒黄昏后,有暗香盈袖。莫道不消魂,帘卷西风,人比黄花瘦。

（瑞脑：龙脑香，色如冰雪，旧称冰片。金兽：兽形的铜香炉）

○【李清照·凤凰台上忆吹箫】

香冷金猊，被翻红浪，起来慵自梳头。任宝奁尘满，月上帘钩。生怕离怀别苦，多少事、欲说还休。新来瘦，非干病酒，不是悲秋。　　休休，这回去也，千万遍《阳关》，也则难留。念武陵人远，烟锁秦楼。惟有楼前流水，应念我、终日凝眸。凝眸处，从今又添，一段新愁。

○【李清照·满庭芳】

小阁藏春，闲窗锁昼，画堂无限深幽。篆香烧尽，日影下帘钩。手种江梅更好，又何必，临水登楼？无人到，寂寥浑似，何逊在扬州。　　从来知韵胜，难堪雨藉，不耐风揉。更谁家横笛，吹动浓愁？莫恨香销雪减，须信道、扫迹情留。难言处，良宵淡月，疏影尚风流。

○【李清照·孤雁儿】

藤床纸帐朝眠起，说不尽，无佳思。沉香烟断玉炉寒，伴我情怀如水。笛声三弄，梅心惊破，多少春情意。　　小风疏雨萧萧地，又催下，千行泪。吹箫人去玉楼空，肠断与谁同倚？一枝折得，人间天上，没个人堪寄。

○【李清照·菩萨蛮】

风柔日薄春犹早，夹衫乍着心情好。睡起觉微寒，梅花鬓上残。　　故乡何处是？忘了除非醉。沉水卧时烧，香消酒未消。

○【陈与义·烧香】

明窗延静昼，默坐息诸缘。聊将无穷意，寓此一炷烟。

当时戒定慧，妙供均人天。我岂不清友，于今醒心然。

炉香袅孤碧，云缕飞数千。悠然凌空去，缥缈随风还。

世事有过现，薰性无变迁。应如水中月，波定还自丸。

○【陈与义·雨】

忽忽忘年老，悠悠负日长。小诗妨学道，微雨好烧香。

檐鹊移时立，庭梧满意凉。此身南复北，仿佛是它乡。

○【刘子翚·邃老寄龙涎香二首（其一）】

瘴海骊龙供素沫，蛮村花露挹清滋。

微参鼻观犹疑似，全在炉烟未发时。

○【陆游·烧香】

茹芝却粒世无方，随时江湖每自伤。

千里一身凫泛泛，十年万事海茫茫。

春来乡梦凭谁说，归去君恩未敢忘。

一寸丹心幸无愧，庭空月白夜烧香。

○【陆游·夜坐】

耿耿残灯夜未央，负墙闲对篆盘香。

风号东北河冰合，月落西南竹影长。

孤鹊欲栖频绕树，寒龟无息稳搘床。

颓然坐睡那知晓，推户朝曦已满廊。

○【陆游·烧香】

宝熏清夜起氤氲，寂寂中庭伴月痕。

小斫海沉非弄水，旋开山麝取当门。

蜜房割处春方半，花露收时日未暾。

安得故人同晤语，一灯相对看云屯。

（海南沉香质佳，沉水，逊者半沉称弄水香。当门，麝香）

○【陆游·秋日徙倚门外久之】

舍前烟水似潇湘，白首归来爱故乡。

五亩山园郁桑柘，数椽茅屋映菰蒋。

翻翻小伞船归郭，渺渺长歌月满塘。

却掩柴荆了无事，篆盘重点已残香。

○【陆游·太平时】

竹里房栊一径深，静愔愔。乱红飞尽绿成阴，有鸣禽。　　临罢《兰亭》无一事，自修琴。铜炉袅袅海南沉，洗尘襟。

○【朱熹·香界】

幽兴年来莫与同，滋兰聊欲泛光风。

真成佛国香云界，不数淮山桂树丛。

花气无边熏欲醉，灵芬一点静还通。

何须楚客纫秋佩？坐卧经行住此中。

○【杨万里·烧香】

琢瓷作鼎碧于水，削银为叶轻如纸。

不文不武火力匀，闭阁下帘风不起。

诗人自炷古龙涎，但令有香不见烟。

素馨忽闻抹利拆，低处龙麝和沉檀。

平生饱识山林味，不奈此香殊妩媚。

呼儿急取蒸木犀，却作书生真富贵。

○【杨万里·谢胡子远郎中惠蒲太韶墨报以龙涎心字香（选）】

我无鹊返鸾回字，我无金章玉句子。得君此赠端何似？兀者得靴僧得髢。安得玉案双鸣珰，金刀绣段底物偿？送以龙涎心字香，为君兴云绕明窗。

（心字香：一种印香，香粉萦绕如篆字"心"）

○【辛弃疾·一剪梅】

记得同烧此夜香，人在回廊，月在回廊。而今独自睡昏黄，行也思量，坐也思量。　锦字都来三两行，千断人肠，万断人肠。雁儿何处是仙乡，来也恓惶，去也恓惶。

○【辛弃疾·朝中措】

年年金蕊艳西风，人与菊花同。霜鬓经春重绿，仙姿不饮长红。　焚香度日尽从容，笑语调儿童。一岁一杯为寿，从今更数千钟。

○【辛弃疾·鹧鸪天】

蔎烛西窗夜未阑，酒豪诗兴两联绵。香喷瑞兽金三尺，人插云

梳玉一湾。　　倾笑语，捷飞泉。觥筹到手莫留连。明朝再作东阳约，肯把鸾胶续断弦。

○【辛弃疾·临江仙】

　　金谷无烟宫树绿，嫩寒生怕春风。博山微透暖熏笼。小楼春色里，幽梦雨声中。　　别浦鲤鱼何日到，锦书封恨重重。海棠花下去年逢。也应随分瘦，忍泪觅残红。

○【辛弃疾·定风波】

　　少日春怀似酒浓，插花走马醉千钟。老去逢春如病酒，唯有：茶瓯香篆小帘栊。　　卷尽残花风未定，休恨；花开元自要春风。试问春归谁得见？飞燕，来时相遇夕阳中。

○【辛弃疾·青玉案】

　　东风夜放花千树，更吹落，星如雨。宝马雕车香满路。凤箫声动，玉壶光转，一夜鱼龙舞。　　蛾儿雪柳黄金缕，笑语盈盈暗香去。众里寻他千百度，蓦然回首，那人却在，灯火阑珊处。

○【辛弃疾·踏莎行】

　　弄影阑干，吹香岩谷。枝枝点点黄金粟。未堪收拾付熏炉，窗前且把《离骚》读。　　奴仆葵花，儿曹金菊。一秋风露清凉足。傍边只欠个姮娥，分明身在蟾宫宿。

○【辛弃疾·虞美人】

　　翠屏罗幕遮前后，舞袖翻长寿。紫髯冠佩御炉香，看取明年归奉万年觞。　　今宵池上蟠桃席，咫尺长安日。宝烟飞焰万花浓，试看中间白鹤驾仙风。

○【辛弃疾·浣溪沙】

强欲加餐竟未佳，只宜长伴病僧斋。心似风吹香篆过，也无灰。　　山上朝来云出岫，随风一去未曾回。次第前村行雨了，合归来。

○【辛弃疾·鹧鸪天】

扑面征尘去路遥，香篝渐觉水沉销。山无重数周遭碧，花不知名分外娇。　　人历历，马萧萧。旌旗又过小红桥。愁边剩有相思句，摇断吟鞭碧玉梢。

○【王沂孙·天香·咏龙涎香】

孤峤蟠烟，层涛蜕月，骊宫夜采铅水。汛远槎风，梦深薇露，化作断魂心字。红瓷候火，还乍识、冰环玉指。一缕萦帘翠影，依稀海天云气。　　几回殢娇半醉。剪春灯、夜寒花碎。更好故溪飞雪，小窗深闭。荀令如今顿老，总忘却、樽前旧风味。漫惜余熏，空篝素被。

（采香人入龙宫采得龙涎香，用蔷薇露等制成熏香，化而为烟。篝：熏笼，用以熏衣熏被）

○【蒋捷·一剪梅】

一片春愁待酒浇，江上舟摇，楼上帘招。秋娘渡与泰娘桥，风又飘飘，雨又潇潇。　　何日归家洗客袍？银字笙调，心字香烧。流光容易把人抛，红了樱桃，绿了芭蕉。

○【薛汉·和虞先生箸香】

奇芬祷精微，纤茎挺修直。炖轻雪消睨，火细萤耀夕。

素烟袅双缕，暗馥生半室。鼻观静里参，心原坐来息。

有客臭味同，相看终永日。

○【马致远·小桃红】

画堂春暖绣帏重，宝篆香微动。此外虚名要何用？醉乡中，东风唤醒梨花梦。主人爱客，寻常迎送，鹦鹉在金笼。

○【马致远·马丹阳三度任风子·第二折煞尾（选）】

修无量，乐有余；朱顶鹤，献花鹿；唤野猿，啸风虎；云满窗，月满户；花满阶，酒满壶；风满帘，香满炉。看读先王孔圣书，习学清虚庄列术。

○【马致远·陈抟高卧·第三折煞尾（选）】

有客相逢问浮世，无事登临叹落辉。危坐谈玄讲《道德》，静室焚香诵《秋水》；滴露研硃点《周易》，散诞逍遥不拘系。

○【郝经·仪真馆中杂题五首（其二）】

花落深庭日正长，蜂何撩乱燕何忙。

匡床不下凝尘满，消尽年光一炷香。

明·清

○【瞿佑·香印】

　　量酌香尘尽左旋，曾烦巧匠为雕镌。

　　萤穿古篆盘红焰，凤绕回文吐碧烟。

　　画内仅容方寸地，数中元有范围天。

　　老来无复封侯念，日日移当绣佛前。

○【瞿佑·烧香桌】

　　雕檀斫梓样新奇，雾阁云窗任转移。

　　金兽小身平立处，玉人双手并抬时。

　　轻烟每向穿花见，细语多因拜月知。

　　有约不来闲凭久，麝煤煨尽独敲棋。

○【王绂·谢庆寿寺长老惠线香】

　　插向熏炉玉箸圆，当轩悬处瘦藤牵。

　　才焚顿觉尘氛远，初制应知品料全。

　　余地每延孤馆月，微风时飏一丝烟。

　　感师分惠非无意，鼻观令人悟入玄。

○【于谦·入京】

　　绢帕蘑菇与线香，本资民用反为殃。

　　清风两袖朝天去，免得闾阎话短长。

○【文徵明·焚香】

　　银叶荧荧宿火明，碧烟不动水沉清。

　　纸屏竹榻澄怀地，细雨春寒燕寝情。

　　妙境可参先鼻观，俗缘都尽况心兵。

　　日长自展《南华》读，转觉逍遥道味生。

○【杨爵·香灰解（选）】

　　狱中秽气郁蒸……乃以棒香一束，插坐前砖缝中焚之，须臾尽，灰不散，宛如一完香焉。予取而悬诸壁上，至第五日犹未散……夫是物也，其将中抱憾，积愤凝滞于此，而有不释然耶？抑焚犹未焚，而托此以为永久耶？二者虽有间焉，而其精诚感致则一也……故凡全气成质，寓形宇内而为人为物者，终归于尽。天地如此，其大也，古今如此，其远也。其孰不荡为灰尘，而扬为飘风乎？

　　吾为尔摩散之，再拜而祝之曰：匪人焚尔，惟尔自焚。尔不馨香，与物常存。煅以烈火，腾为烟氲，上而不下，聚而不分，直冲霄汉，变为奇云，余香不断，苾苾芬芬……吾以喻人。事苟可死，何惮杀身？愿尔速化，归被苍旻。乐天委运，还尔之真……呜呼，易化者一时之形，难化者万世之心。形化而心终不化，吾其何时焉，与尔乎得一相寻也？

○【徐渭·香烟（其二）】

　　午坐焚香枉连岁，香烟妙赏始今朝。

　　龙拿云雾终伤猛，蜃起楼台不暇飘。

　　直上亭亭才伫立，斜飞冉冉忽逍遥。

　　细思绝景双难比，除是钱塘八月潮。

○【屠隆·考槃余事·香笺（选）】

　　香之为用，其利最溥。物外高隐，坐语道德，焚之可以清心悦神。四更残月，兴味萧骚，焚之可以畅怀舒啸。晴窗拓帖，挥尘闲吟，篝灯夜读，焚以远辟睡魔，谓古伴月可也；红袖在侧，秘语谈私，执手拥炉，焚以熏心热意，谓古助情可也。坐雨闭窗，午睡初足，就案学书，啜茗味淡，一炉初热，香霭馥馥撩人。更宜醉筵醒客，皓月清宵，冰弦戛指，长啸空楼，苍山极目，未残炉热，香雾隐隐绕帘，又可祛邪辟秽。随其所适，无施不可。

○【朱之蕃·印香盘】

　　不听更漏向谯楼，自剖玄机贮案头。

　　炉面匀铺香粉细，屏间时有篆烟浮。

　　回环恍若周天象，节次同符五夜筹。

　　清梦觉来知候改，襄帷星火照吟眸。

○【朱之蕃·香篆】

　　水沈初试博山时，吐雾蒸云复散丝。

　　忽漫书空疑锦织，相看扫素傍灯帷。

　　萦纤细缕虫鱼错，断续残烟柳薤垂。

　　几向螭头闻閤殿，罗襦携出凤凰池。

○【纳兰性德·忆江南】

　　昏鸦尽，小立恨因谁？急雪乍翻香阁絮，轻风吹到胆瓶梅，心字已成灰。

○【纳兰性德·采桑子】

彤云久绝飞琼字，人在谁边？人在谁边？今夜玉清眠不眠？　　香销被冷残灯灭，静数秋天，静数秋天，又误心期到下弦。

○【纳兰性德·清平乐】

凉云万叶，断送清秋节。寂寂绣屏香篆灭，暗里朱颜消歇。　　谁怜照影吹笙，天涯芳草关情。懊恼隔帘幽梦，半床花月纵横。

○【纳兰性德·忆桃源慢】

斜倚熏笼，隔帘寒彻，彻夜寒如水。离魂何处，一片月明千里。两地凄凉，多少恨，分付药炉烟细。近来情绪，非关病酒，如何拥鼻长如醉。转寻思不如睡也，看到夜深怎睡？　　几年消息浮沉，把朱颜顿成憔悴。纸窗淅沥，寒到个人衾被。篆字香消灯烬冷，不算凄凉滋味。加餐千万，寄声珍重，而今始会当日意。早催人一更更漏，残雪月华满地。

○【袁枚·寒夜】

寒夜读书忘却眠，锦衾香尽炉无烟。
美人含怒夺灯去，问郎知是几更天？

○【席佩兰·寿简斋先生（选）】

绿衣捧砚催题卷，红袖添香伴读书。

○【红楼梦·薛宝钗灯谜·更香】

　　朝罢谁携两袖烟，琴边衾甲总无缘。

　　晓筹不用鸡人报，五夜无烦侍女添。

　　焦首朝朝还暮暮，煎心日日复年年。

　　光阴荏苒须当惜，风雨阴晴任变迁。

　　（更香：记时的印香，香粉回环往复，有刻度，能燃一夜或更长，冬"长"夏"短"，重于燃烧均匀，香气平凡或无香）

○【红楼梦·贾宝玉·夏夜即事】

　　倦绣佳人幽梦长，金笼鹦鹉唤茶汤。

　　窗明麝月开宫镜，室霭檀云品御香。

　　琥珀杯倾荷露滑，玻璃槛纳柳风凉。

　　水亭处处齐纨动，帘卷朱楼罢晚妆。

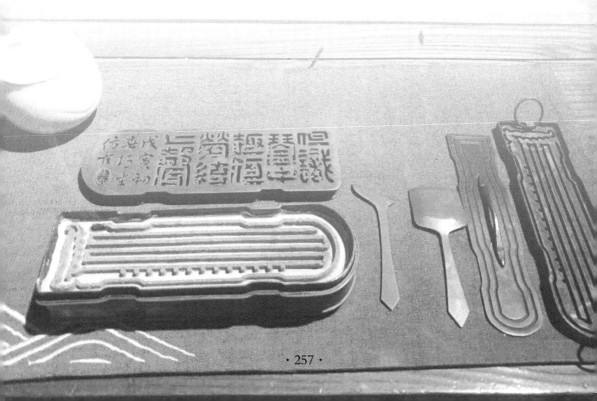

后　记

　　传统文化的殿堂是我始终向往的圣地，那变幻莫测的万丈光华，字里行间的金玉之音，似乎时时有种吸引和召唤。

　　祖父惜智公和娘舅李公玉章先生是我最早的老师。祖父治学，讲求博览而后证，心悦时当机体悟。老人家近九十岁时，仍每晚端坐在油灯下读书，伴一炉清香，还用蝇头小字做笔记。舅父玉章先生，书本、实证功夫皆深，而且记忆力惊人，无论是《康熙字典》还是《辞源》，随便问一个字，他都能随即说出是在哪一页上，从无差错。他们两人都曾反复讲到，读书时若有一炉好香，则能有助于思考、领悟，以致彻悟。祖父的遗物，只有"破四旧"的烈焰中残剩下的一堆古籍，其中有部分关于香的书，部分支离破碎的读书笔记，在很多书的批注中也反复强调香是养性、养生的良药。

　　多年前，曾与一位在传统文化方面很有名气的学者讨论中国的香文化。他认为香非大雅之物，我则认为它是传统文化的重要内容，对研究性命学说与人天整体观都大有意义，是中国文化的一条无形之脉。讨论持续了一整天，最终没有改变那位学者的观点，却增强了我进一步研究香的决心。

　　后来，得遇恩师张公柏林先生，由此算是真正迈入了传统文化的殿堂，重新认识了传统文化的博大精深，对于香也有了更深的理解。

这些年对儒、释、道、医等传统文化的参研，使我越来越深切地体会到，香在中国文化中占有一个十分重要、十分特殊的地位，中国的香，可以说是道深如海，现代社会对它的认识和利用远远没有达到应有的水平。

几年之前，在诸多师友的鼎力帮助下，成立了一个以继承、发展香文化为宗旨，以再现、研制传统香为中心的实体，也是我对传统香进行试验的基地，就是现在的山东慧通香业有限公司。此后，一方面是以慧通的科研生产中心为基地，制作了一批较有代表性的传统香，涉及儒、释、道、医诸家之香，有历史名香，也有秘传之香，包括伴月香、状元伴读香、宣和御前香、寿阳公主梅花香、花蕊夫人衙香、宣和御制香、百花通和香、百花至宝香、安神益智香、灵馨香（灵鹫大宝塔香）、灵虚香（三神香）、睡宝香、唐宫柏子供香、旃檀微烟贡香、七宝莲花香、祛疫避瘟香、百和至宝香、开慧益寿香枕、香药护腰、护膝，等等。首先是对传统的记载进行实证，进一步探寻其内涵，得其诀窍。成功的香品先在好香的师友中流传，后又渐次扩展开来。

另一方面则是以慧通为依托，为发展香文化做了些初步的工作。2003 年建立了"中国香文化网"（www.xiangwenhua.org），这也是第一个关于香文化的专业网站，其中许多文章被各类网站、杂志转载。2005 年 10 月，举办的"首届中国香文化展"，以图片、实物、解说等形式展示了悠久灿烂的香文化。2005 年 12 月，协助中央电视台在慧通的科研生产中心摄制了我国首部香文化专题片《中国传统香》，介绍了香文化的内涵及传统香的制作工艺。

所有这些关于香的工作，得到了来自四面八方的、有形或无形的支持与帮助，人人事事，令人感动。在这些帮助下，使我从常人难以承受的艰难中走了过来，同时，也给了我为民族振兴奉献力量的勇气。几年来的经历也令我深切地感受到，现今仍有很多人喜欢香，也不乏有识之士对香有浓厚的兴趣，愿意了解它，研究它，弘扬它。同时，人们对香也还存在很多误解、偏见和浅见，现在的香文化也有待振兴。慧通与我本人只能是尽力而为，虽有贡献却微不足道，也有许多遗憾与欠缺。唯一可以坦然的是，本人布衣素食，箪食瓢饮，已将所有精力投入其中，慧通也将全部的力量贡献于香的事业，未有一分一厘的资财消耗于个人之逸乐。

香文化这条贯通中华文化的无形之脉，如影如幻，许多史料隐迹于茫茫文海，研究中也常常会触及一些较为敏感的领域，有如履薄冰之险、神龙见尾之难，也有鼻观熏性之喜、闻香近道之悦。

期望这本书能像"中国香文化网"一样，吸引更多的大德志士投入到研究、发展香文化的事业中来，使这几千年来一直与中华民族风雨同行的文化瑰宝能为中国文化的振兴再展辉煌。

傅京亮

二〇〇六年五月于听月轩